警示教育 365天

非煤矿山事故案例选编

本书编写组　编

应急管理出版社

·北　京·

图书在版编目（CIP）数据

非煤矿山事故案例选编/本书编写组编 . – – 北京：应急管理出版社，2023

（警示教育 365 天）

ISBN 978 – 7 – 5020 – 9786 – 8

Ⅰ. ①非… Ⅱ. ①本… Ⅲ. ①矿山事故—案例—汇编 Ⅳ. ①TD77

中国国家版本馆 CIP 数据核字（2023）第 162241 号

非煤矿山事故案例选编（警示教育 365 天）

编　　者	本书编写组
责任编辑	罗秀全
编　　辑	康嘉焱
责任校对	孔青青
封面设计	解雅欣

出版发行	应急管理出版社（北京市朝阳区芍药居 35 号　100029）
电　　话	010 – 84657898（总编室）　010 – 84657880（读者服务部）
网　　址	www. cciph. com. cn
印　　刷	天津嘉恒印务有限公司
经　　销	全国新华书店

开　　本	710mm × 1000mm$^1/_{16}$　印张　14　字数　253 千字
版　　次	2023 年 10 月第 1 版　2023 年 10 月第 1 次印刷
社内编号	20230646　　　　　定价　48.00 元

§ 前 言
FOREWORD

党的十八大以来，以习近平同志为核心的党中央高度重视安全生产工作，引领我国安全生产工作取得了明显成效。当前，我国安全生产形势总体平稳，但面临的形势依然严峻复杂，各种"黑天鹅""灰犀牛"事件随时可能发生，特别是煤矿、非煤矿山、化工、建筑施工、道路交通运输等行业领域的生产安全事故仍然频发，给人民群众生命财产安全造成了很大损失。

古人云：以铜为镜可以正衣冠，以史为镜可以知兴替。历史是最好的老师，以往发生的事故案例是最生动的教材。为深刻汲取和总结事故教训，探寻和分析事故背后暴露的问题，帮助大家树立"一企出事故、万企受教育""一地出事故、万地受警示"的理念，为警示教育提供鲜活的案例素材，让职工从事故案例中受到警示和教育，我们对近年来非煤矿山行业领域发生的生产安全事故进行搜集和梳理，选取典型案例，基于官方的事故调查报告，从事故经过、事故原因、责任追究、防范措施等方面对事故调查报告进行摘编，并在每个案例后设置"一案五问一改变"栏目（供读者填写），形成了《警示教育365天 非煤矿山事故案例选编》，供有关企业参考使用。

由于编写水平有限，书中疏漏之处在所难免，恳请读者批评指正。

编　者

2023 年 7 月

目 录
CONTENTS

1月

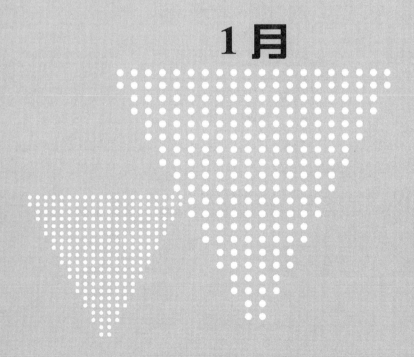

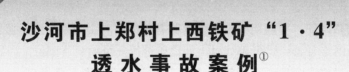

沙河市上郑村上西铁矿"1·4" 透水事故案例①

2014 年 1 月 4 日 14 时左右，沙河市上郑村上西铁矿发生一起透水事故，造成 4 人死亡，直接经济损失 335 万元。

一、事故经过

2014 年 1 月 4 日，沙河市上郑村上西铁矿早班 22 人入井作业，12 时左右，井下水量增大。14 时左右，正在井下巡查的技术负责人李某芬突然发现 −80 m 平巷由南向北出现涌水量明显增大，立即告知带班矿长朱某有，朱某有立即通知作业人员升井，并报告井上值班矿长杨某书，18 名井下作业人员陆续升井，−120 m 水平作业点 4 名工人未能及时撤离被困井下。

二、事故原因

（一）直接原因

在透水区域一带，巷道围岩为矿体，巷道以上顶板隔水层较薄，稳固性差，巷道顶板在大于 90 m 的岩溶水水压作用下遭受破坏，导致 −84 ～ −120 m 南二下山 −100 m 岩溶水透水。

（二）间接原因

1. 上西铁矿安全生产主体责任落实不到位

（1）企业隐患排查整治不彻底，未严格落实矿山企业防探水的有关规定。

（2）未在施工最下一个中段（−120 m 水平）形成永久排水系统或依据设计

---

① 资料来源：河北省应急管理厅．沙河市上郑村上西铁矿"1·4"透水事故调查报告．（2014 − 11 − 17）[2023 − 06 − 25]．https：//yjgl. hebei. gov. cn/portal/index/getPortalNewsDetails?id = 717c538e − edea − 5465 − 0a25 − fdc9affb888a&categoryid = 3a9d0375 − 6937 − 4730 − bf52 − febb997d8b48.

涌水量设置临时排水设施，致使透水后无法适应排水要求。

（3）在 −100 m 和 −120 m 巷道联络巷塌堵、不具备两个安全出口情况下，安排人员作业。

2. 沙河市政府、赞善街道办事处及其有关部门对上西铁矿安全监管不力

（1）沙河市赞善街道办事处对上西铁矿进行安全检查不到位。

（2）沙河市安监局对上西铁矿进行安全检查不全面、不彻底；驻矿监管人员履行监管职责不到位。

（3）沙河市人民政府对各项工作能够及时安排布置，但督促有关乡镇政府和职能部门履行非煤矿山安全生产监管职责不到位。

三、责任追究

沙河市上西铁矿法人代表、沙河市上西铁矿生产矿长兼带班矿长、沙河市上西铁矿安全矿长、沙河市上西铁矿技术负责人等涉嫌重大责任事故罪，移交司法机关追究刑事责任。沙河市副市长、沙河市安全生产监督管理局局长、沙河市赞善街道办事处党委书记等对事故发生负有领导责任，给予其警告处分。沙河市赞善街道办事处主任对事故发生负有领导责任，给予其行政记过处分。沙河市赞善街道办事处副书记兼安监站站长，对事故发生负有主要领导责任，给予其党内严重警告处分、撤销安监站站长职务。沙河市安全生产监督管理局党委委员，对事故发生负有主要领导责任，建议给予其撤销党内职务处分。沙河市安全生产监督管理局监管一股股长，对事故发生负有直接监管责任，给予其行政撤职处分。沙河市安全生产监督管理局驻矿办主任，对事故发生负有直接监管责任，给予其行政撤职处分。沙河市安全生产监督管理局监管一科科员、沙河市安全生产监督管理局监管一科科员、沙河市赞善街道办事处安监站科员对事故发生负直接监管责任，给予其留党察看处分。沙河市赞善街道办事处安监站科员，对事故发生负有直接监管责任，给予其行政记大过处分、调离现工作岗位。

沙河市上郑村上西铁矿。该企业防治水方案和措施未得到严格执行；防探水应急预案没有充分贯彻；井下作业人员对透水及透水的应知应会知识掌握不够；矿山安全隐患排查不到位，井下排水设施不完善等违法行为，并导致了严重后果，依据《生产安全事故报告和调查处理条例》第三十七条规定，建议由邢台市安全生产监督管理局对其处 30 万元罚款。

四、防范措施

（1）牢牢坚守安全生产红线。全市各级各部门各单位都要深刻汲取沙河市上郑村上西铁矿"1·4"较大透水事故的沉痛教训，认真学习贯彻习近平总书记关于安全生产工作的一系列重要讲话批示精神，牢固树立红线理念和底线思维，建立健全"党政同责、一岗双责、齐抓共管"的安全生产责任体系，把安全责任落实到领导、部门和岗位；要正确处理安全与发展、安全与效益、安全与生产的关系，切实加强对安全生产工作的监督和管理，依法依规，严管严抓。

（2）切实落实企业主体责任。生产经营单位要认真履行安全生产主体责任，健全安全管理机构；进一步深化安全生产承诺制建设，健全落实安全生产"三项制度"；要建立健全隐患排查治理制度，落实企业主要负责人的隐患排查治理第一责任，确保隐患整改到位；加大安全生产投入，落实技术改造和隐患治理资金；强化安全生产宣传教育，提高从业人员素质；定期组织应急预案演练，提高职工应急处置能力。特别是矿山企业要严格按照"预测预报、有疑必探、先探后掘、先治后采"的水害防治原则，落实"防、堵、疏、排、截"五项综合治理措施。

（3）切实加强对基建矿山的安全监管。各级安全监管部门要认真履行安全监管职责，严格执行建设项目安全设施"三同时"制度；认真执行非煤矿山外包工程安全管理的有关规定，督促矿山建设施工单位按照批准的初步设计及安全专篇组织施工，建立健全各项安全管理制度和措施，加强建设项目外包队伍管理，确保施工安全。

一案五问一改变

1. 我对该事故的最深感触是什么？

2. 如果该事故中暴露的问题就出现在我身边，我该怎么办？

3. 如果该事故就发生在我身上，我的亲人和朋友会如何？

4. 我从该事故中汲取了什么教训？

5. 学习事故案例后我最想对同事和亲人说什么？

为避免同类事故，在今后的工作中我将做出以下改变：

山东烟台栖霞市五彩龙投资有限公司
笏山金矿"1·10"重大爆炸事故案例①

2021 年 1 月 10 日 13 时 13 分许，山东五彩龙投资有限公司栖霞市笏山金矿（以下简称笏山金矿）在基建施工过程中，回风井发生爆炸事故，造成 22 人被困。经全力救援，11 人获救，10 人死亡，1 人失踪，直接经济损失 6847.33 万元。

一、事故经过

1 月 10 日，新东盛工程公司施工队在向回风井六中段下放启动柜时，发现启动柜无法放入罐笼，施工队负责人李某安排员工唐某波和王某磊直接用气焊切割掉罐笼两侧手动阻车器，有高温熔渣块掉入井筒。

12 时 43 分许，浙江其峰工程公司项目部卷扬工李某兰在提升六中段的该项目部凿岩、爆破工郑某泼、李某满、卢某雄 3 人升井过程中，发现监控视频连续闪屏；罐笼停在一中段时，视频监控已黑屏。李某兰于 13 时 04 分 57 秒将郑某泼等 3 人提升至井口。

13 时 13 分 10 秒，风井提升机房视频显示井口和各中段画面"无视频信号"，几乎同时，变电所跳闸停电，提升钢丝绳松绳落地，接着风井传出爆炸声，井口冒灰黑浓烟，附近房屋、车辆玻璃破碎。

五彩龙公司和浙江其峰工程公司项目部有关人员接到报告后，相继抵达事故现场组织救援。14 时 43 分许，采用井口悬吊风机方式开始抽风。在安装风机过程中，因井口槽钢横梁阻挡风机进一步下放，唐某波用气焊切割掉槽钢，切割作

---

① 资料来源：山东省应急管理厅．山东五彩龙投资有限公司栖霞市笏山金矿"1·10"重大爆炸事故调查报告．（2021 - 02 - 23）［2023 - 6 - 23］．http：//yjt．shandong．gov．cn/zwgk/zdly/aqsc/sgxx/202102/t20210223_3536726．html.

业产生的高温熔渣掉入井筒。15 时 03 分左右，井下发生了第二次爆炸，井口覆盖的竹胶板被掀翻，井口有木碎片和灰烟冒出。

二、事故原因

（一）直接原因

经调查，本次事故发生的直接原因是：井下违规混存炸药、雷管，井口实施罐笼气割作业产生的高温熔渣块掉入回风井，碰撞井筒设施，弹到一中段马头门内乱堆乱放的炸药包装纸箱上，引起纸箱等可燃物燃烧，导致混乱存放在硐室内的导爆管雷管、导爆索和炸药爆炸。

（二）间接原因

1. 事故相关企业未依法落实安全生产主体责任

1）五彩龙公司

无视国家民用爆炸物品及安全生产相关法律法规规定，民用爆炸物品安全管理混乱，长期违法违规购买、储存、使用民用爆炸物品；未落实安全生产主体责任，企业管理混乱，是事故发生的主要原因。

（1）民用爆炸物品管理混乱。使用栖霞市公安机关依据已废止的行政法规核发的《爆炸物品使用许可证》，申请办理爆炸物品购买手续，长期违规购买民用爆炸物品；未健全并落实民用爆炸物品出入库、领用退回等安全管理制度，对库存民用爆炸物品底数不清；长期违法违规超量储存民用爆炸物品且数量巨大，违规在井下设置 3 处民用爆炸物品储存场所，炸药、导爆管雷管和易燃物品混存混放。

（2）对施工单位长期违法违规使用民用爆炸物品监督检查不力。主要负责人及分管民用爆炸物品、安全生产工作的负责人对施工现场安全生产不重视，对施工单位的施工作业情况尤其是民用爆炸物品储存、领用、搬运及爆破作业情况监督检查、协调管理缺失。

（3）建设项目外包管理极其混乱。对外来承包施工队伍安全生产条件和资质审查把关不严，日常管理不到位；对浙江其峰工程公司、新东盛工程公司等外包施工单位管理不力，以包代管，只包不管，对浙江其峰工程公司、新东盛工程公司交叉作业未进行统一协调管理，未及时发现并制止违规动火作业行为；对进场作业人员安全教育培训、特种作业人员资格审查流于形式。

（4）瞒报生产安全事故。企业主要负责人未按照规定报告生产安全事故。

2）浙江其峰工程公司

违反国家民用爆炸物品、外包施工单位安全管理法律法规，外派项目部在五彩龙公司违法违规储存、使用民用爆炸物品，安全生产管理混乱。

（1）对派驻的山东栖霞金矿项目部民用爆炸物品管理、使用混乱。回风井一中段临时储存点的炸药、导爆管雷管和易燃物品混存混放等安全隐患长期存在；违规使用民用爆炸物品，放任回风井爆破作业人员自用自取、剩余自退，未按规定记载领取、发放民用爆炸物品的品种、数量、编号以及领取、发放人员姓名；违规使用未取得《爆破作业人员许可证》的人员实施爆破作业。

（2）对外派项目部管理严重失控。浙江其峰工程公司2020年未按规定对项目部进行安全检查，公司安全部仅于当年9月11日到项目部检查过一次。公司外派驻山东栖霞金矿项目部未按规定配备专职安全管理人员和相应的专职工程技术人员；未按规定对驻山东栖霞金矿项目部人员进行安全教育培训，对爆破作业人员、安全管理人员进行专业技术培训不到位。

（3）施工现场管理混乱。外派项目部主要负责人未履行项目经理职责，对现场交叉作业管理不到位，纵容、放任爆破作业过程中的非法违法行为。

3）新东盛工程公司

未取得矿山施工资质，违规承揽井下机电设备安装工程；未严格执行动火作业安全要求，作业人员使用伪造的特种作业操作证，未与浙江其峰工程公司进行安全沟通协调、未确认作业环境及周边安全条件的情况下，在回风井口对罐笼进行气焊切割作业。

4）北京康迪监理公司

（1）向五彩龙公司笏山金矿派驻的监理人员未经监理业务培训，现场监理人员监理业务能力严重不足。

（2）未认真履行工程监理责任，未发现回风井井口罐笼切割动火作业，事故发生当日未下井监理。

5）兴达爆破公司

未取得《道路运输经营许可证》和《民用爆炸物品运输许可证》，驾驶员和押运员不具备从业资格，长期使用未取得危险货物运输资质的车辆向五彩龙公司违规运输民用爆炸物品。向五彩龙公司运输民用爆炸物品，违规以本公司名义申请《民用爆炸物品运输许可证》，并将流向信息输入《山东省民爆信息系统网络服务平台》。兴达爆破公司向安达民爆公司仓库转运民用爆炸物品未办理相关手续。

6）安达民爆公司

未按照规定查验五彩龙公司是否取得《民用爆炸物品购买许可证》，违规依据栖霞市公安局西城派出所出具已废止的《爆炸物品购买证》，向五彩龙公司销售民用爆炸物品。

7）北海民爆公司

疏于管理，违规将所属2辆危险货物运输货车长期给不具备危险货物运输资质的兴达爆破公司从事民用爆炸物品运输。

8）招金矿业公司

对五彩龙公司存在的民用爆炸物品、外包施工单位管理混乱等问题失察失管。

2. 政府及业务主管部门未认真依法履行安全监管职责

1）公安部门

（1）栖霞市公安局。

① 未依法履行民用爆炸物品购买和运输安全监管职责。民用爆炸物品购买审批依据不合法，依据1984年1月6日颁布、2006年9月1日已废止的《民用爆炸物品管理条例》，违规向五彩龙公司核发已废止的《爆炸物品使用许可证》；审批程序不合规，栖霞市公安局仅对初次申请办理《民用爆炸物品购买许可证》的兴达爆破公司进行相关资料审核，由属地派出所违规发放《爆炸物品购买证》，事故发生后，违规补审《爆炸物品使用许可证》。未依法查处兴达爆破公司和北海民爆公司违规从事民用爆炸物品运输的行为。

② 未依法履行民用爆炸物品储存和使用安全监管职责。在浙江其峰工程公司向其进行爆破作业项目报告后，监管缺失，未发现浙江其峰工程公司长期使用未取得《爆破作业人员许可证》的人员进行爆破作业；发现五彩龙公司、浙江其峰工程公司项目部违规存放民用爆炸物品后，未依法查处。

③ 未依法履行民用爆炸物品流向监控安全监管职责。民用爆炸物品信息管理系统管理混乱，审查兴达爆破公司上传系统的爆破作业合同不细致、不严格，长期存在民用爆炸物品管理系统信息录入和实际运行不符的问题；未依法查处安达民爆公司、五彩龙公司未将销售或购买的民用爆炸物品的品种、数量备案的问题；未依法查处浙江其峰工程公司驻山东栖霞金矿项目部未按规定记载领取、发放民用爆炸物品的品种、数量、编号以及领取、发放人员姓名的问题。

④ 未依法履行民用爆炸物品安全监督检查职责。在民用爆炸物品日常监管工作中，未有效履行相关职责，对民用爆炸物品监管缺失，对相关单位违规储存民用爆炸物品、由无爆破资质的人员向井下运送民用爆炸物品、长期炸药雷管混运等问题监督检查不认真不严格。

⑤ 未按规定及时上报事故。

（2）烟台市公安局。履行民用爆炸物品安全监管职责不到位。对栖霞市公安局履行民用爆炸物品安全监管职责监督、指导不力。对栖霞市民用爆炸物品信息管理系统的运行监管不力。对栖霞市公安局未依法履行民用爆炸物品购买、使用和储存、流向监控安全监管职责存在的问题失察。未认真履行爆破作业单位安全监督检查职责，对取得营业性爆破作业单位资质的兴达爆破公司监督检查不力。

2）应急管理部门

（1）栖霞市应急管理局。履行非煤矿山安全生产监督检查职责不力，非煤矿山监管人员配备不足，对五彩龙公司及外包施工单位管理混乱等问题监督不到位，未按规定及时上报事故。

（2）烟台市应急管理局。组织开展非煤矿山安全生产抽查检查工作不到位；对栖霞市应急管理局安全生产监督检查工作监督指导不力。

3）工信部门

（1）栖霞市工业和信息化局。履行对民用爆炸物品销售企业的安全监管职责不力，没有及时发现并纠正安达民爆公司履行民用爆炸物品查验职责违规行为。

（2）烟台市工业和信息化局。未依法履行民用爆炸物品销售安全监管职责。没有及时发现并纠正安达民爆公司履行民用爆炸物品销售查验职责违规行为；对栖霞市工信局履行民用爆炸物品销售安全监管职责监督、指导不力。

4）交通运输部门

栖霞市交通运输局。贯彻执行交通运输工作法规规定不到位，对未取得道路危险货物运输许可，擅自从事道路危险货物运输的非法运输行为未及时发现并处置。

5）地方党委、政府

（1）栖霞市西城镇党委、政府。未认真履行对五彩龙公司、浙江其峰工程公司项目部等辖区内生产经营单位安全生产状况监督检查职责，协助栖霞市有关部门依法履行民用爆炸物品、非煤矿山安全生产监督管理职责不力。

（2）栖霞市委、市政府。未认真落实烟台市委、市政府关于民用爆炸物品、非煤矿山安全生产监管工作的部署和要求，事故发生后未按规定及时上报事故。未认真督促栖霞市相关部门依法履行民用爆炸物品、非煤矿山安全生产监督管理相关职责。未认真督促西城镇党委、政府依法履行安全生产监督检查职责。

（3）烟台市委、市政府。未切实加强烟台市民用爆炸物品、非煤矿山安全生产监督管理工作的领导；未有效督促烟台市相关部门依法履行民用爆炸物品、非煤矿山安全生产监督管理职责；对栖霞市委、市政府未有效落实民用爆炸物品、非煤矿山安全生产监督管理职责等问题失察。

三、责任追究

浙江其峰工程公司项目部副经理吴某松对爆炸物品管理混乱负有重要责任，

但在事故中死亡，免予追究刑事责任。五彩龙公司法定代表人、五彩龙公司副总经理、浙江其峰工程公司驻山东栖霞金矿项目部经理、新东盛工程公司实际控制人、新东盛工程公司员工、浙江其峰工程公司驻山东栖霞金矿项目部员工、浙江其峰工程公司驻山东栖霞金矿项目部爆破工、五彩龙公司综合办保卫班长等 12 人已被公安机关采取强制措施。栖霞市委原书记、栖霞市委原副书记、原市长等 2 人被刑事拘留。五彩龙公司副总经理兼安全生产科长、五彩龙公司副总经理兼生产技术科长、与五彩龙公司董事长高某玲为夫妻关系的李某宁等 3 人被移送司法机关追究刑事责任。栖霞市公安局等 4 人、栖霞市应急局等 2 人、栖霞市工信局等 3 人、栖霞市交通运输局等 3 人、栖霞市西城镇党委、政府等 2 人、栖霞市委、市政府等 3 人、烟台市公安局等 3 人、烟台市应急局等 2 人、烟台市工信局等 2 人、烟台市委、市政府等 4 人被依法问责、给予处分。五彩龙公司处以 949 万元罚款的行政处罚，对五彩龙公司未如实记录安全生产教育和培训情况的违法行为处 5 万元的罚款，对五彩龙公司未按照规定落实安全生产风险分级管控制度的违法行为处 5 万元的罚款，按照有关规定将其纳入安全生产领域失信联合惩戒"黑名单"。浙江其峰工程有限公司处 300 万元的罚款，按照有关规定将其纳入安全生产领域失信联合惩戒"黑名单"。新东盛工程公司处 300 万元的罚款，按照有关规定将其纳入安全生产领域失信联合惩戒"黑名单"。兴达爆破公司处 300 万元的罚款，按照有关规定将其纳入安全生产领域失信联合惩戒"黑名单"。安达民爆公司处 300 万元的罚款，按照有关规定将其纳入安全生产领域失信联合惩戒"黑名单"。北京康迪监理公司，依据有关法律法规规定，对其作出处理；对北海民爆公司依法作出行政处罚。

责成栖霞市委、市政府分别向烟台市委、市政府作出深刻检查；责成烟台市委、市政府分别向省委、省政府作出深刻检查。上述情况同时抄报省纪委监委、省政府安委会办公室。

四、防范措施

（1）坚决扛起保障安全生产的政治责任。此次事故暴露出一些地方党委政府及有关部门安全发展理念树立得不牢，安全监管责任落实不到位，打击违法违规行为不力，矿山企业主体责任不落实、应急救援处置能力不足等问题。各级党委政府要认真对标习近平总书记关于安全生产重要指示和中央决策部署，深刻汲取事故教训，坚持人民至上、生命至上，树牢安全发展理念，强化红线意识和底线思维，修订完善安全生产行政责任制规定，制定党政领导干部年度安全生产工作清单和安全生产责任追究措施，将安全生产责任制落实情况作为重点纳入巡视巡察和年度述职考核，推动党委政府安全生产领导责任和部门监管责任有效落实，坚决扛起"促一方发展、保一方平安"的政治责任。

（2）压紧压实企业安全生产主体责任。建设单位、施工单位、爆破作业单位等要切实加强安全生产主体责任落实，完善并严格执行以安全生产责任制为重点的各项规章制度，把安全生产责任落实到岗位、落实到每个人；强化企业全员培训，强化警示教育，覆盖到全行业、全领域、全链条、全岗位，提升每个人的安全意识、安全技能。强化作业现场的安全管理，制定强有力的措施，严防违章指挥、违章作业和无证上岗等行为；严格落实风险隐患排查治理制度，落实"把重大风险隐患当成事故来对待"要求，发动全体员工参与风险点排查、辨识和隐患排查治理，每月组织召开一次安全生产会议、开展一次安全检查，分析研判风险、制定对策措施，严格考核奖惩制度，建立起全员负责、全过程控制、持续改进提升的工作机制，从根本上防范化解重大安全风险，杜绝事故发生。

（3）全面加强对民用爆炸物品及爆破作业的管理。爆破作业单位要强化对民用爆炸物品的购买、装卸、运输、清退和爆破作业过程的管理，严格执行《民用爆炸物品安全管理条例》《爆破安全规程》的要求。一是严格爆破作业过程的管理，营业性爆破作业单位必须执行爆破作业"一体化"服务，不得以任何方式将爆破作业交给无爆破作业资质的单位和人员实施，严禁私存民用爆炸物品。二是建立健全民用爆炸物品从业单位安全生产责任制、岗位操作规程，严格执行民用爆炸物品发放、领取、使用、清退和爆破作业过程的安全管理规定。三是加大对从业人员的培训力度，定期对本单位的爆破作业人员进行法律法规、专业知识、安全技能、岗位风险教育培训，建立健全爆破作业人员任前必训、年度必训、违规必训制度。四是加强对民用爆炸物品储存库的管理，严格落实民用爆炸物品储存库人防、技防、物防、犬防措施，严格执行民用爆炸物品流向登记"日清点、周核对、月检查"制度，严禁无关人员接触民用爆炸物品。

（4）强化施工单位作业的管理。施工单位要认真落实责任，依法对其施工现场的安全生产负责，加强对施工现场的管理，确保安全生产。一是外包工程实行总承包的，总承包单位对施工现场的安全生产负总责，分项施工单位按照分包合同的约定对总承包单位负责。二是根据承揽工程的规模和特点，依法健全安全生产责任体系，完善安全生产管理基本制度，设置安全生产管理机构，配备专职安全生产管理人员和有关工程技术人员。三是严格按照资质等级和许可范围承揽工程，没有爆破作业资质的施工单位不得以任何方式自行实施爆破作业。四是加强对承建项目及所属项目部的安全管理，每半年至少进行一次安全生产检查，对项目部人员每年至少进行一次安全生产教育培训与考核。五是依照有关规定制定施工方案，加强现场作业安全管理，及时发现并消除事故隐患，地下矿山工程施工单位及其项目部的主要负责人和领导班子成员应当严格执行带班下井制度。六是接受建设单位组织的安全生产培训与指导，加强对本单位从业人员的安全生产教育和培训，保证从业人员掌握必需的安全生产知识和操作技能。

（5）建设单位要依法加强对外包工程的管理。非煤矿山建设单位应当按照《非煤矿山外包工程安全管理暂行办法》（国家安全监管总局令第62号）有关规定，认真履行建设单位的主体责任，加强对外包工程的监督和管理。一是建立健全管理机构，严格审核施工单位及项目部施工作业资质，对其施工单位的施工资质、安全生产管理机构、规章制度和操作规程、施工现场安全管理等情况进行检查。二是外包工程有多个承包单位同时作业的，应当对多个承包单位的安全生产工作实施统一协调、管理，定期进行安全检查，发现问题，应当及时督促整改。三是与施工单位签订安全生产管理协议，明确各自的安全生产管理职责。严格落实安全生产考核机制，对施工单位每年至少进行一次安全生产考核。四是加强对爆破作业的监督管理，不得以任何方式将爆破作业发包给没有爆破作业资质的单位和人员实施。

（6）强化对民用爆炸物品的监管。公安、工信、应急、交通等相关职能部门要严格执行《民用爆炸物品安全管理条例》等相关法律法规的规定，认真履行民用爆炸物品的监管职责。一是加强对民用爆炸物品的购买、储存、运输、清退及爆破作业等环节的安全监管，特别要加强对井下爆破作业的监管力度。二是加强对执法人员的教育培训，定期组织开展以法律法规知识、监督检查技能、信息管控手段、履行法定职责和职业风险为主要内容的执法培训。三是对爆破作业单位建立定期检查制度，重点检查井下民用爆炸物品储存、运输、爆破、清退等管理制度落实情况，并如实填写《定期安全检查记录》，实行闭环管理。四是强化对民用爆炸物品的清退、流向等的监控管理，坚决打击民用爆炸物品的失控和私藏现象。五是严格爆破作业人员资质审查、考核发证，加强对爆破作业人员的教育培训，定期组织安全警示教育和安全风险排查，利用信息化手段实现爆破作业人员动态管控。六是督促爆破作业单位建立民用爆炸物品出入井检查登记制度，并在井口设立必要的视频监控或自动拍照设施，如实记录出入井人员和检查登记制度落实情况。

（7）细化明确非煤矿山部门监管责任。各级政府要按照"管行业必须管安全、管业务必须管安全、管生产经营必须管安全"和"谁主管谁负责、谁监管谁负责、谁审批谁负责"的原则，进一步明确各相关部门非煤矿山监管职责，加强相互配合，合理推进防范化解非煤矿山安全风险工作。行政审批部门（发展改革部门）要加强非煤矿山相关建设项目的立项审批，监督和指导不符合有关矿山工业发展规划和总体规划、不符合产业政策、布局不合理等矿井关闭等。自然资源部门要加强非煤矿山矿产资源开发管理，查处非法开采、越界开采矿产资源违法违规行为，监督和指导无采矿许可证、越界采矿被吊销采矿许可证、资源枯竭应当关闭退出等矿井关闭工作。应急管理部门要加强非煤矿山安全生产许可和监督管理，依法监督其严格执行安全生产法律、法规和标准、规范，监督和指导不具备安全生产条件的非煤矿井关闭工作。公安部门要加强民用爆炸物品公共安全管理和民用爆炸物品购买、运输、爆破作业的安全监督管理，监控民用爆炸物品流向。工信部门要加强民用爆炸物品生产、销售的安全监督管理，查处非法生产、销售（含储存）民用爆炸物品的行为。行政审批部门（住建部门）要加强矿山工程施工总承包、工程监理资质的许可管理。生态环境部门要加强监督和指导破坏生态环境、污染严重、未进行环境影响评价的矿井关闭工作。市场监管部门要依法查处无照经营等非法违法行为，配合有关部门依法查处未经安全生产（经营）许可的生产经营单位。

（8）加强和改进突发事件信息报告工作。进一步明确突发事件信息报告责任主体，强化突发事件信息报告部门联动，严格遵循突发事件信息报告时限要求，提升第一时间获取突发事件信息的能力，健全突发事件信息报告体制机制，建立安全生产重大事故直报制度。加强对信息报告工作的组织领导，切实履行信息报告主体责任，明确职责分工，层层压实到人。严肃突发事件信息报告责任追究，建立健全突发事件信息报告责任倒查机制，明确突发事件信息报告时间和报告范围，对出现信息迟报、漏报、谎报、瞒报的，严肃追究相关部门（单位）及有关人员的责任。

（9）深入扎实开展安全生产大排查大整治行动。各级各部门各企业要深刻吸取事故教训，结合安全生产专项整治三年行动和安全生产大排查、大整治行动，举一反三，坚决破解检查查不出问题的难题，坚决解决执法检查"宽松软"的问题。要深入开展专项执法检查，强化重点行业领域风险隐患排查治理，以零容忍的态度坚决惩治安全生产违法行为，综合运用联合惩戒、停产整顿、行刑衔接等措施，坚决防止违法违规行为"屡禁不止、屡罚不改"。对企业排查隐患走过场、执法检查发现问题未整改或整改不到位，甚至发生事故的，一律依法给予顶格处罚。修订完善安全生产举报管理办法，发动广大人民群众、企业职工积极举报安全隐患和违法行为。严格执行新颁布刑法修正案有关安全生产条款，建立完善典型执法案件报送、执法效果评估制度，推动企业深化风险分级管控和隐患排查治理体系建设和运行，增强防范化解重大安全风险的内生动力，推动安全生产形势稳定好转。

📝 一案五问一改变

1. 我对该事故的最深感触是什么？

2. 如果该事故中暴露的问题就出现在我身边，我该怎么办？

3. 如果该事故就发生在我身上，我的亲人和朋友会如何？

4. 我从该事故中汲取了什么教训？

5. 学习事故案例后我最想对同事和亲人说什么？

为避免同类事故，在今后的工作中我将做出以下改变：

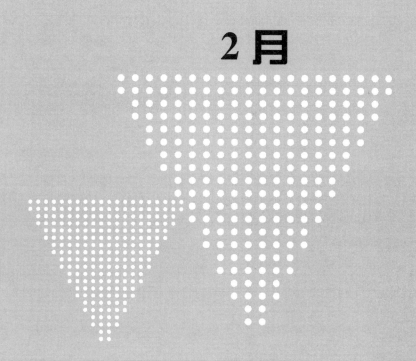

2 月

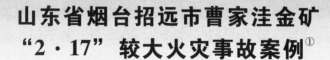

山东省烟台招远市曹家洼金矿
"2·17" 较大火灾事故案例①

2021 年 2 月 17 日 0 时 14 分许，山东省烟台招远市曹家洼金矿（以下简称曹家洼金矿）3 号盲竖井罐道木更换过程中发生火灾事故，造成 10 人被困。经全力救援，4 人获救，6 人死亡，直接经济损失 1375.86 万元。

一、事故经过

事故发生前，共有 10 人在井下工作。其中中矿项目部施工队 5 人在 3 号盲竖井 −470 m 以上进行罐道木更换作业。曹家洼金矿 2 名水泵工分别在 −265 m、−660 m 水泵房值守，1 名卷扬机工在 3 号盲竖井井口卷扬机房内工作，带班副总工程师和安全员在 3 号盲竖井井口附近值守。

2021 年 2 月 16 日 19 时 16 分，施工队对 3 号盲竖井固定罐道木的螺栓、工字钢、加固钢板进行切割作业，作业过程中产生的高温金属熔渣、残块断续掉落。23 时 45 分后有大量高温金属熔渣、残块频繁掉落。17 日 0 时 14 分许，持续掉落到 −505 m 处梯子间部位的高温金属熔渣、残块引燃玻璃钢隔板，火势逐渐增大继而又引燃电线电缆、罐道木等可燃物，沿井筒向上燃烧迅速蔓延至 −265 m 中段 3 号盲竖井井口、附近硐室和部分运输大巷，高温烟气进入 −265 m 中段巷、7 号盲斜井、−480 m 中段巷、5 号盲斜井、1 号竖井、1 号斜井。

事故发生后，企业立即开展先期处置工作，并报告当地党委政府和有关部门。经全力救援，有 4 名被困人员安全升井。17 日 16 时 50 分，6 名遇难人员遗体升井，现场救援结束。

---

① 资料来源：国家矿山安全监察局. 山东省烟台招远市曹家洼金矿 "2·17" 较大火灾事故案例. (2021 − 07 − 14) ［2023 − 06 − 21］. https：//www. chinamine − safety. gov. cn/zfxxgk/fdzdgknr/sgcc/sgalks/202107/ t20210714_391956. shtml.

二、事故原因

作业人员在拆除 3 号盲竖井内 −470 m 上方钢木复合罐道过程中，违规动火作业，气割罐道木上的螺栓及焊接在罐道梁上的工字钢、加固钢板，较长时间内产生大量的高温金属熔渣、残块等持续掉入 −505 m 处梯子间，引燃玻璃钢隔板，在烟囱效应作用下，井筒内的玻璃钢、电线电缆、罐道木等可燃物迅速燃烧，形成火灾。

三、暴露问题

（1）曹家洼金矿未依法落实非煤矿山发包单位安全生产主体责任。一是日常安全管理不到位。安全生产风险分级管控和隐患排查治理主体责任不落实，对 3 号盲竖井动火作业等级判定为"一般"，未将外来施工人员培训纳入企业统一管理，事故发生后，组织伪造培训记录。二是外包队伍安全管理混乱。未采用邀请招标方式确定检修项目外包队伍，未按规定审查温州井巷公司相应资质情况，事故发生后，会同温州井巷公司招远办事处，组织伪造检修项目部经理任命书、委托书。三是工程管理不到位。未向施工队进行工程技术交底；未督促施工队制定应急预案和隐患排查治理措施。四是动火作业管理缺失。未对井下动火作业作出规定，未办理动火作业许可证，事故发生后，组织伪造动火作业许可证。五是矿山开采管理混乱。常年超过《采矿许可证》核定生产规模进行生产，未认真采取矿区边界有效封堵措施。六是应急管理不到位。未针对井下火灾导致有毒有害气体窒息等重点进行演练，火灾发生后现场人员未及时采取有效灭火措施，未佩戴使用自救防护用品。

（2）施工队违规实施罐道木更换工程作业。一是违规承揽矿山施工工程。违规借用温州井巷公司矿山工程施工资质，以温州井巷公司招远办事处名义签订施工合同。二是未建立安全生产管理基本制度，未配备专职安全生产管理人员和有关工程技术人员实施作业。三是违规实施动火作业。违规使用无特种作业操作资格的人员实施动火作业，对违规动火作业引发的大量高温熔渣、残块掉落火灾隐患未及时采取有效措施。

（3）温州井巷公司未依法落实非煤矿山承包单位安全生产主体责任。一是温州井巷公司招远办事处违规出借矿山工程施工资质，对施工队管理缺失，未督促施工队制定应急预案和隐患排查治理措施，未督促其执行带班下井制度，未发现并制止其违规动火作业行为等。二是温州井巷工程公司对招远办事处及项目部疏于管理。以包代管，未发现并制止招远办事处违规出借资质、违规承揽工程等行为，未按规定对驻招远各项目部进行安全检查、安全教育培训及安全考核等。

（4）地方政府和有关部门未依法履行职责。一是招远市夏甸镇党委、政府未依法履行镇办企业管理职责，对曹家洼金矿安全生产工作疏于管理。二是招远市应急管理局未依法履行非煤矿山安全监管职责，未认真吸取栖霞市五彩龙公司笏山金矿"1·10"爆炸事故教训，开展安全生产大排查大整治活动不深入、不细致；到曹家洼金矿进行执法检查未发现曹家洼金矿存在违法发包施工项目、动火作业管理混乱、安全教育培训不规范等问题。三是招远市自然资源和规划局落实矿产资源主管部门监管责任不力，对曹家洼金矿因缩小采矿范围变更《采矿许可证》，未对原《矿产资源开发利用方案》适用性存在的问题实行闭环监管，发现曹家洼金矿超过《采矿许可证》核定生产规模进行生产，及"5号盲竖井粉矿回收井、8号盲竖井"现状与《矿产资源开发利用方案》设计不一致，均未采取有效措施予以纠正。四是招远市工业和信息化局履行黄金行业管理职责不力，未有效指导督促黄金行业加强安全管理。五是招远市矿业秩序整顿指挥部办公室推进矿业秩序整顿工作不力，监督督促各相关部门履行矿山监管职责不到位。六是招远市党委、政府未依法履行安全生产属地监管职责，未认真吸取栖霞市五彩龙公司笏山金矿"1·10"爆炸事故教训，落实上级党委、政府关于非煤矿山安全生产监管工作的部署和要求不力，开展安全生产大排查大整治活动不深入、不细致。

四、责任追究

经事故调查认定，本次事故是一起企业违规动火作业引发的较大生产安全责任事故，依规依纪依法对27名相关责任人员追责问责。其中：对招远市曹家洼金矿法定代表人、矿长、温州井巷公司招远办事处实际控制人、3号盲竖井检修工程施工队负责人等10名企业相关责任人，建议依法追究刑事责任。对招远市夏甸镇原镇长、原党委书记，招远市应急管理局原局长，招远市原市长，招远市委书记等17名公职人员给予党纪政务处分和组织处理。

对曹家洼金矿处260万元的罚款，依法暂扣其《安全生产许可证》；对温州井巷公司处70万元的事故罚款；将曹家洼金矿、温州井巷公司纳入安全生产领域失信联合惩戒"黑名单"。对曹家洼金矿法定代表人、矿长、温州井巷公司执行董事、法定代表人分别处上一年年收入40%的罚款，对曹家洼金矿总工程师、安全科科长分别处3万元的事故罚款，对参与伪造有关材料的曹家洼金矿安全科科长、采矿车间副主任、温州井巷公司招远办事处1名聘用人员分别处上一年年收入80%的罚款。

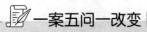一案五问一改变

1. 我对该事故的最深感触是什么?

2. 如果该事故中暴露的问题就出现在我身边,我该怎么办?

3. 如果该事故就发生在我身上,我的亲人和朋友会如何?

4. 我从该事故中汲取了什么教训?

5. 学习事故案例后我最想对同事和亲人说什么?

为避免同类事故,在今后的工作中我将做出以下改变:

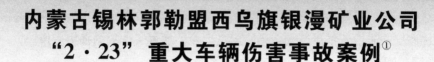

内蒙古锡林郭勒盟西乌旗银漫矿业公司 "2·23" 重大车辆伤害事故案例①

2019 年 2 月 23 日 8 时 20 分许，西乌珠穆沁旗银漫矿业有限责任公司发生井下车辆伤害重大生产安全事故，造成 22 人死亡，28 人受伤，截至 2019 年 3 月 6 日，直接经济损失约 3725.06 万元。

一、事故经过

2019 年 2 月 23 日 7 时许，温建西乌分公司当班工人在主斜井口派班室召开班前安全生产例会。7 时 30 分许，司机张某在温建西乌分公司分管设备副总经理齐某民的安排下，驾驶事故车辆从维修车间出发运送当班工人入井作业。7 时 33 分许，事故车辆到达主斜井口的派班室等待工人上车；7 时 46 分许，待工人上车后，驶离派班室，驶回维修车间；7 时 48 分许，到达维修车间，于 7 时 52 分许搭载工人后驶向辅助斜坡道井口；期间，途经主斜井口派班室附近，有人员上下车；8 时 14 分许，事故车辆行驶到措施斜坡道井口处停车，等待入口电子门开启。17 s 后，事故车辆起步驶入措施斜坡道，行驶过程中，车辆失控，与措施斜坡道左右侧帮多次刮蹭后，正面碰撞在巷道第 19 个躲避硐室的侧壁上，造成事故发生。碰撞瞬间速度约 66 km/h。

二、事故原因

（一）直接原因

温建西乌分公司违规使用未取得金属非金属矿山矿用产品安全标识、采用干

---

① 资料来源：内蒙古自治区应急管理厅. 锡林郭勒盟西乌珠穆沁旗银漫矿业有限责任公司 "2·23" 井下车辆伤害重大生产安全事故调查报告.（2019 - 10 - 22）［2023 - 06 - 21］. https：//yjglt. nmg. gov. cn/zwgk/zdxx/sgxxccpg/202101/t20210126_797478. html.

式制动器的报废车辆向井下运送作业人员。事故车辆驾驶人不具备大型客运车辆驾驶资质，驾驶事故车辆在措施斜坡道向下行驶过程中，制动系统发生机械故障，制动时促动管路漏气，导致车辆制动性能显著下降。驾驶人遇制动不良突发状况处置不当，误操作将挡位挂入三挡，车辆失控引发事故。事故车辆私自改装车厢内座椅、未设置扶手及安全带，超员运输，加重了事故的损害后果。

（二）间接原因

1. 温建西乌分公司

（1）未落实承包工程安全生产责任。未根据分公司实际情况制定相关制度规程，未执行国家《金属非金属矿山禁止使用的设备及工艺目录》有关要求、违反《安全设施设计》规定，使用违规车辆在措施斜坡道向井下运送作业人员。事故车辆车厢内未装配相应的防护设施，驾驶人、安全员、乘车员工对车辆超员运输未制止。

（2）井上下运人车辆安全管理问题突出。没有制定出入井运人车辆安全管理制度，没有严格执行矿用车辆维修保养制度，事故车辆因维修保养不到位造成制动性能显著下降形成重大事故隐患。事故车辆检查、维修、保养及行车记录缺失，事发后伪造维修保养记录，干扰事故调查。

（3）施工作业安全管理极为混乱。安全隐患排查不深入具体，台账缺失、记录内容不规范；教育培训流于形式，部分管理人员未取得考核合格证书，部分从业人员未经安全生产教育培训合格上岗作业。人员出入井登记、人员定位卡配用长期处于失控状态。

2. 温建矿山公司

对温建西乌分公司安全生产失管失控。以内部承包的形式，准许自然人以分公司名义与银漫公司签订承包合同，只收取管理费，不对温建西乌分公司行管理之实。主要负责人及分管安全生产负责人均未对温建西乌分公司安全生产工作安排部署、检查指导，对其安全生产工作未履行任何职责。温建西乌分公司的安全生产管理工作也未列入公司监督检查计划中。

3. 银漫公司

（1）安全生产主体责任长期悬空。安全生产规章制度不健全、不规范，部分内容与实际不符。安全检查和隐患排查制度长期不落实，台账登记内容不全面、不具体。安全生产教育培训责任落实不到位，主要负责人和部分安全管理人员未按要求进行年度培训考核。2019年春节期间，公司有意隐瞒停产情况，谎报继续生产，逃避复产检查。

（2）对承包单位以包代管、包而不管。未履行《2018年度外包工程安全生产管理协议》有关职责，也未按要求签订 2019 年度安全生产管理协议。人员出入井管理极为混乱，对承包单位长期使用违规车辆在措施斜坡道向井下运送人员等重大事故隐患不检查、不制止。2018 年 8 月 21 日，银漫公司向旗安全监管部门上报的《采用斜坡道运输人员金属非金属地下矿山（生产系统）基本情况统计表》中未统计承包单位使用的事故车辆，有意规避监管。

（3）工会组织发挥作用不力。公司改选工会程序违法，没有召开职工大会或职工代表大会民主选举工会委员会。工会成立后没有开展任何工作，未依法组织职工参加本单位安全生产工作的民主管理和民主监督，也未在维护职工安全生产合法权益方面采取具体措施。

4. 兴业矿业公司

作为银漫公司 100% 控股母公司，对安全生产工作重视程度不够。安全环保部仅有 1 名兼职副部长，并无其他安全管理人员，不能按照安全管理制度规定有效完成安全管理工作任务，安全管理能力水平无法满足公司安全生产实际需要。对下级公司安全生产工作监督管理不到位，未按制度规定每月对包括银漫公司在内的分子公司进行安全检查，未能及时发现并消除银漫公司及其承包单位长期存在的人员出入井管理混乱、使用违规车辆运送人员等重大事故隐患；对银漫公司 2019 年春节有意隐瞒停产情况，谎报继续生产，逃避复产检查等问题失察。

5. 安邦公司

2017 年 6 月出具的《验收评价报告》附件中个别内容未严格按照编写提纲进行编写，附件中只列出了主要大型设备清单，缺少部分辅助设备清单。

2018 年 5 月，组织专业人员对银漫公司开展第三方技术服务工作时，没有严格执行协议内容，安全检查不全面、不深入，未能发现企业人员出入井管理混乱、使用违规车辆运送人员等重大事故隐患和问题。

6. 安顺公司

2018 年 11 月，组织专业人员对银漫公司开展第三方技术服务工作时，没有严格执行协议内容，安全检查不全面、不深入，未能发现企业人员出入井管理混乱、使用违规车辆运送人员等重大事故隐患和问题。

7. 监管部门及属地政府

（1）吉仁高勒镇党委、政府，未严格落实"党政同责、一岗双责"的要求，未高度重视安全生产工作，未按照"2 名行政编制"的要求配齐镇安全生产监督检查人员，无法有效开展辖区内非煤矿山企业安全检查工作。

（2）西乌珠穆沁旗应急管理局（原安全生产监督管理局），落实安全生产监管责任不到位，对长期存在的矿山专业技术人员缺乏、监管执法水平低、监管力量不足等问题重视不够，造成推动企业落实主体责任能力严重不足。未落实《西乌旗安委会关于进一步做好当前安全生产工作的通知》（西安委会发〔2018〕16 号）关于对非煤矿山企业载重运输车辆和调度车辆进行安全管理等工作要求；督促矿山企业淘汰落后设备执法检查力度不够，专项整治效果不明显；2018 年共 9 次对银漫公司开展执法检查，均未发现企业长期使用违规车辆运送作业人员等重大事故隐患。对银漫公司春节期间隐瞒停产情况及银漫公司上报的《采用斜坡道运输人员金属非金属地下矿山（生产系统）基本情况统计表》有关情况未认真核查处理。未能发现第三方技术服务机构出具的银漫公司安全检查报告中检查内容不全面不深入等问题。

（3）西乌珠穆沁旗委、政府，履行地方党政领导干部安全生产责任不到位，不能有效贯彻落实安全生产法律法规及上级党委、政府对安全生产工作的部署要求。未高度重视并有效解决旗应急管理局、吉仁高勒镇党委政府安全监管力量不足、专业人员短缺等问题。指导监督旗应急管理局、吉仁高勒镇政府履行安全生产监管职责不力。对旗应急管理局委托第三方技术服务机构进行企业安全检查有关工作不实不细等问题失察。

（4）锡林郭勒盟应急管理局（原安全生产监督管理局），履行安全监管职责不到位，对矿山安全监管队伍建设不够重视；对监管力量薄弱、专业监管人员数量与安全生产监管执法实际要求不相匹配等问题未重视解决，不能有效开展监管工作；组织开展专项整治行动和监管执法不力。

（5）锡林郭勒盟委、行政公署，履行地方党政领导干部安全生产责任不严不实，对下级党委、政府及有关部门落实安全生产责任指导督促不到位，对安全生产工作跟踪问效不力；对所辖区域内安全监管力量薄弱、专业人才缺乏等问题了解不深入、重视程度不够。

三、责任追究

经事故调查认定，本次事故是一起生产安全责任事故，依规依纪依法对 60 名相关责任人员进行追责问责。其中，温建西乌分公司实际控制人、负责人、项目部经理、分管生产副经理兼三采区区长、分管安全副经理、分管设备副经理、一区区长、温建矿山公司党支部书记副董事长兼总经理、副总经理、质量安全科副科长、银漫公司法定代表人执行董事兼总经理、副总经理、安全环保处副处长、安全环保处副处长兼保卫处处长、安全环保处职工等共 22 人依法追究刑事责任。对银漫公司副总经理、副总经理兼公司党支部书记、设备动力处处长、生产处处长、兴业矿业公司董事长法定代表人、总经理、副总经理、企管部副部长兼安全环保部副部长、安邦公司技术负责人、评价员、工作人员、安顺公司评价室主任、技术负责人等 14 人给予行政处罚。对西乌珠穆沁旗旗委原常委原副旗长、旗应急管理局原党组书记原局长、旗林业局原党组书记原局长等 3 人移送司法机关处理。对西乌珠穆沁旗应急管理局协助局长开展非煤矿山安全监管的原党组成员、旗安全生产综合执法局原局长等 2 人开除党籍、政务撤职处分。对锡林郭勒盟盟委副书记盟长、常务副盟长、西乌珠穆沁旗旗委书记、西乌珠穆沁旗旗委副书记、供销社党组书记、应急管理局局长、副局长、安全生产综合执法局副局长、白音华矿山救护中心职工等 9 人给予党纪政纪处分。对锡林郭勒盟盟委书记、应急管理局监管一科副科长（主持工作）、安全生产监察支队队长、西乌珠穆沁旗安全生产综合执法局副局长、非煤矿山股工作人员、吉仁高勒镇党委书记、党委副书记镇长、副镇长、安全生产监督检查站科员等 10 人给予批评教育、通报批评。

对温建西乌分公司依法予以关闭，温建矿山公司处以 499 万元人民币罚款，通报浙江省有关部门依法吊销其《建筑企业资质证书》《安全生产许可证》，提请应急管理部将温建矿山公司纳入"黑名单"管理。兴业矿业公司处以 300 万元人民币罚款，安邦公司给予警告，处以 1 万元人民币罚款，纳入"黑名单"管理，安顺公司纳入"黑名单"管理。对西乌珠穆沁旗应急管理局、锡林郭勒盟应急管理局在全区范围内通报批评。吉仁高勒镇党委、政府向西乌珠穆沁旗党委、政府做出深刻检查。西乌珠穆沁旗党委、政府向锡林郭勒盟党委、行政公署作出深刻检查。锡林郭勒盟党委、行政公署向自治区党委、政府作出深刻检查。将兴业矿业公司在安全生产管理方面存在的问题及线索和事故车辆非法经营销售的问题及线索移交公安机关依法立案侦查。

四、防范措施

（1）严格落实企业安全生产主体责任。非煤矿山企业要全面落实安全生产主体责任有关规定，健全安全生产管理机构，完善安全生产各项规章制度，切实加以落实；加大隐患排查治理力度，加强作业现场安全管理，严禁违章指挥和违章作业；强化人员出入井安全管理，建立完善人员出入井信息管理制度，按规定佩戴人员定位识别卡，及时准确掌握井下各个区域作业人员的情况；加强对出入井及井下运输人员、炸药、油料的无轨胶轮车的管理，加大安全设备设施检修维护力度，及时消除安全隐患，确保设备可靠运转；及时修订本单位生产安全事故应急救援预案，完善事故应急处置措施，严防各类生产安全事故。

（2）切实加强承包单位施工安全管理。一是突出解决发包单位以包代管，转嫁安全责任问题。按照《非煤矿山外包工程安全管理暂行办法》（国家安全监管总局令第62号）有关规定，发包单位是外包工程安全生产的主体责任，要加强对外包工程的监督和管理，按要求签订安全生产管理协议，严格审核承包单位及项目部施工作业资质，对其承包单位的安全生产管理机构、规章制度和操作规程、施工现场安全管理等情况进行检查。二是切实强化承包单位安全管理。承包单位对承包的工程项目安全生产负责，承包单位及其项目部要设置安全生产管理机构，完善安全生产管理制度，配备专职安全生产管理人员和有关工程技术人员，加强对承建项目及所属项目部的安全管理，按照要求对项目部人员认真进行教育培训与考核，保证从业人员掌握必需的安全生产知识和操作技能。严禁只挂靠安全资质、不履行安全管理职责。三是地下矿山工程承包单位及其项目部应当严格执行企业领导带班下井制度，层层落实安全管理责任，严格执行各项规章制度和安全操作规程，强化现场作业安全管理，及时发现并消除事故隐患。

（3）大力淘汰落后设备和推广先进装备及工艺。自治区各级安全监管部门集中开展非煤矿山企业使用斜坡道运送人员专项整治行动，对斜坡道主要设计用途是否符合运输人员车辆行驶要求，运输人员车辆是否采用内置封闭式湿式制动器，运输人员车辆是否具备矿用产品安全标志进行全面整治，对未取得矿用产品安全标志、使用干式制动器的无轨胶轮车要立即停止使用、强制淘汰，严禁不符合要求的人员运输车辆在井下行驶，严禁不符合运输人员车辆行驶要求的斜坡道运送人员出入井。按照《金属非金属矿山禁止使用的设备及工艺目录》，对目前仍在使用非阻燃电缆、非阻燃风筒、主要井巷木支护、运人车辆不具备国家规定标准的矿山企业，要依法责令立即停产整顿，限期淘汰落后设备、工艺。严格执行金属非金属矿山矿用产品安全标识管理制度，加大安全设备设施准入门槛，强化矿山新型适用安全技术和装备推广应用，提高矿山企业安全科技保障能力。

（4）切实加强安全生产教育培训。一是切实加强企业主要负责人、安全生产管理人员和特种作业人员（以下简称"三项岗位"人员）安全培训考核。综合运用市场＋监管手段，强化安全培训机构软硬件建设，严格安全培训机构考核监督，不断提高安全培训机构办学水平。加强安全培训机构师资队伍建设，严格安全培训考核大纲，研究安全培训方式方法，优化更新安全培训授课内容，强化法律法规、案例警示、安全理论技术、应急处置及实际操作等专题培训，增强安全培训的针对性和实效性，真正做到入脑、入心、入神，切实提高"三项岗位"人员安全生产责任意识。加大安全培训理论考试监督检查力度，扎实推进特种作业人员实操考核，严把"三项岗位"人员安全培训出口关。二是切实加强企业全员安全培训教育。依法加强企业全员培训执法检查，未按要求进行安全培训的从业人员不得上岗作业。加强三级安全培训教育，保证其具备本岗位安全操作、应急处置等知识和技能。采取"请进来、送出去"等办法，积极帮助不具备安全培训条件的企业开展全员培训，使全体从业人员真正做到不伤害自己、不伤害他人、不被他人伤害，不断提高自我保护意识和相互保护意识。

（5）切实强化安全技术服务机构安全监管。安全监管部门要加强对安全技术服务机构的安全监管，坚决打击出具虚假或不实报告、转借资质证书、不到现场评审等违法违规行为，对违反法律法规的依法严格处罚，构成犯罪的，依法追究刑事责任，并且严格按照国家有关规定对相关机构及其责任人员实行行业禁入，纳入不良记录"黑名单"。研究制定政府购买第三方安全生产技术服务规范性文件，明确安全技术服务机构安全生产责任义务，规范其从业行为，强化其责任意识，确保技术服务能够客观、如实地反映企业安全生产现状，为安全监管提供有效的技术支撑。

（6）加强安全生产举报投诉查处。自治区各级党委、政府及有关部门要高度重视社会监督工作，进一步加强对安全生产举报投诉工作的社会宣传，鼓励企业职工监督举报各类安全隐患，加大并落实举报奖励。有关部门和地方要进一步畅通安全生产社会监督渠道，通过设立举报信箱、电子邮箱、门户网站、举报微信、举报电话等方式构建举报投诉平台，凝聚社会监督合力，及时发现并排除重大事故隐患，制止和惩处非法违法行为。要建立和完善举报投诉查处工作机制，落实审查登记、受理告知、核查处理、书面答复等基本程序，实现对举报信息的受理、转办、查处、回复、结案、公示等环节的闭合管理，确保群众反映的问题事事有落实、件件有回音。要认真做好举报投诉信息的分析整理，定期分析举报投诉的来源、类别、趋势、规律，掌握事故隐患及非法违法行为的发生规律，有针对性地加强法律法规制度建设，堵塞漏洞，避免同类事故重复发生，不断提高安全生产保障水平。

（7）严格落实部门安全监管责任。安全监管部门要严格履行安全监管责任，深入分析本地区安全生产形势，抓住安全监管工作的重点、难点，加大对非煤矿山等高危行业的监管力度，特别是对发生事故的企业，要增加检查频次，及时发现和制止违法行为，防止同类事故再次发生。要扎实开展非煤矿山企业安全生产主体责任不落实、使用淘汰落后设备设施、外包工程以包代管等突出问题的安全生产大检查和专项整治工作，对存在重大安全隐患、仍在使用淘汰设备设施和工艺装备、不具备安全生产条件的，一律依法责令停产停业整顿，对存在违法违规行为的，严格按法律法规进行处罚。切实采取有效措施全面排查和消除非煤矿山各类事故隐患，严厉打击企业非法违法生产经营行为，形成高压态势，确保本地区安全生产形势持续稳定好转。

（8）强化落实党委政府安全生产属地管理责任。各级党委政府要坚决守住发展绝不能以牺牲安全为代价这条红线，切实维护人民群众生命财产安全，牢固树立以人为本的安全发展理念，认真吸取"2·23"事故教训，举一反三，防止此类事故再次发生。要认真贯彻落实党中央、国务院以及自治区党委政府关于安全生产的决策部署和指示精神，按照《地方党政领导干部安全生产责任制规定》以及《内蒙古自治区党政领导干部安全生产责任制实施细则》要求，压实地方党委政府属地管理责任，落实地方党政领导干部安全生产责任制，切实做到党政同责、一岗双责、齐抓共管、失职追责。要完善安全监管人员选拔和培养机制，配齐、配强安全监管人员，特别是基层专业监管人员，深入推进非煤矿山专业化监管队伍建设，加强对安全监管人员的教育培训，提升业务素质和执法能力，切实提高安全监管规范化和专业化水平。

一案五问一改变

1. 我对该事故的最深感触是什么？

2. 如果该事故中暴露的问题就出现在我身边，我该怎么办？

3. 如果该事故就发生在我身上，我的亲人和朋友会如何？

4. 我从该事故中汲取了什么教训?

5. 学习事故案例后我最想对同事和亲人说什么?

为避免同类事故，在今后的工作中我将做出以下改变:

河北邯郸武安市冶金矿山集团团城东铁矿"2·24"较大坠落事故案例①

2021年2月24日，河北邯郸武安市冶金矿山集团团城东铁矿发生较大坠落事故，造成6人死亡，直接经济损失1345万元。

一、事故经过

2月24日8时20分许，生产负责人郭某方、安全负责人李某保和作业人员吴某、李某旺、李某兴、黄某海、李某坤7人乘主井提升容器陆续进入井下，在主井126 m水平巷道内进行支护和清淤作业。当班提升绞车操作人员为孙某杰。

10时20分许，李某保乘主井提升容器升井。

11时35分，吴某、李某旺、李某兴、黄某海、李某坤和郭某方6人（均未佩戴安全带）乘主井提升容器升井，距井口40 m时，梯子间隔离网（护网）突出部分挂扯到提升容器卸载轴一端，导致提升容器斗箱翻转，造成6人坠落井底。

二、事故原因

（一）直接原因

团城东矿业公司违规从主井上下人员，违规乘坐非标提升容器，且未采取安全措施；井筒梯子间平台梁、隔离网严重锈蚀、变形，隔离网向外突出，井筒提升容器在提升人员过程中，与梯子间隔离网发生挂扯，导致提升容器翻转，造成人员坠井。

① 资料来源：国家矿山安全监察局. 河北邯郸武安市冶金矿山集团团城东铁矿"2·24"较大坠落事故.（2022 - 01 - 20）［2023 - 06 - 21］. https：//www. chinamine - safety. gov. cn/xw/mkaqjcxw/202201/t20220120_407003. shtml.

（二）间接原因

（1）团城东矿业公司安全生产主体责任落实不到位。未按规定设置安全生产管理机构，未配备专职安全生产管理人员，未按规定建立健全安全生产"三项制度"，未对从业人员进行安全生产教育和培训。

（2）团城东矿业公司风险辨识和隐患排查治理不到位。未对提升系统进行风险辨识和管控，未进行定期检查维修，发现隐患未及时处理。提升绞车、提升钢丝绳未按规定期限检测。罐道钢丝绳直径和拉紧装置不符合安全规程要求。

（3）团城东矿业公司安全管理混乱。特种作业人员无证上岗，"三违"问题突出，复工复产方案缺少井筒装备检查内容，安全管理档案资料未更新完善。

三、暴露问题

（一）企业层面

1. 团城东矿业公司

（1）瞒报事故。2月24日，团城东矿业公司实际控制人李某海接到吕某岩报告发生事故的电话后，未按规定上报。直至3月16日"头条新闻"将事故曝光，李某海仍未将事故情况向县级以上政府安全生产监督管理部门和负有安全生产监督管理职责的有关部门报告。

（2）破坏现场和毁灭证据。2月24日下午，死者尸体运走后，李某海安排李某保和郭某伟下井拆除主井井底车场的摄像头和电话，割断入井电缆，清理马头门处血迹。3月16日下午，李某海安排郭某伟和李某保切断了主井提升钢丝绳，拆除了绞车房部分设备。

2. 武安市冶金矿山集团有限公司

对团城东矿业公司转制推进不力，安全生产管理缺位。2004年5月团城东矿业公司实施转制，转让给个人经营，至事故发生时，仅变更了土地使用证，但营业执照、采矿许可证、安全生产许可证等均未变更，转制不彻底，致使企业隶属关系混乱，安全生产职责不清。

（二）部门层面

1. 武安市冶金矿山管理局

履行铁矿行业安全生产监督管理职责不力。负责全市铁矿行业管理和安全生产工作。对铁矿行业安全生产"双控"机制建设、安全生产专项整治三年行动等工作督导落实不到位；对团城东矿业公司贯彻执行安全生产法律法规、规章制度监督不力；对该矿安全生产管理混乱、安全管理档案资料未更新完善、井筒装备隐患治理不及时、使用无矿用安全标志产品提升容器、未设置安全生产管理机构、未配备专职安全生产管理人员、未对从业人员进行安全生产教育培训、特种作业人员无证上岗等问题失察失管；对该矿复工复产方案和安全技术措施审查把关不严；团城铁矿安管站安全生产日常检查不深入、不彻底，流于形式，对团城东矿业公司瞒报事故行为失察；对 2021 年 2 月 20 日至 3 月 20 日开展的拟复工复产铁矿企业专项检查范围界定不准确，未将团城东矿业公司纳入专项检查范围。

2. 武安市安急管理局

在铁矿行业安全生产专项检查工作中存在疏漏。负责全市铁矿行业安全生产综合监管工作。2021 年 2 月 20 日至 3 月 20 日，武安市安委办部署全市拟复工复产铁矿企业安全生产专项检查，武安市应急管理局在与冶金矿山管理局联合开展的专项检查行动中，对冶金矿山管理局提出的拟复工复产铁矿企业范围审查把关不严，未将团城东矿业公司纳入专项检查范围。

（三）党委政府层面

1. 上团城乡党委政府

履行属地安全生产监管责任不力。未严格落实党政领导干部安全生产责任制，未明确党委政府成员中分管安全生产工作的领导，由乡综合行政执法队队长分管安全生产工作；乡应急管理办公室未实际履行安全生产监管职责，由乡综合行政执法队负责全乡安全生产工作；对安全生产"双控"机制建设、安全生产专项整治三年行动等工作落实不到位；在春节和全国"两会"期间，乡综合行政执法队安全生产巡查检查不深入、不彻底，流于形式，对团城东矿业公司瞒报事故行为失察。

2. 武安市委政府

落实安全生产领导责任不到位。对团城东矿业公司转制不彻底负有领导责任；未认真督促相关部门依法履行铁矿行业安全生产监督管理职责；未严格督促上团城乡党委政府依法履行属地安全生产监管责任；对春节和全国"两会"期间铁矿行业企业安全生产工作督导落实不到位。

（四）其他层面

邯郸和邢台部分县（市、区）医疗、殡葬单位。武安市中医院、武安仁慈医院太平间管理不规范；沙河市云路殡葬服务部、涉县崇州殡葬服务公司殡葬管理混乱，违规接收遗体；邯郸武安市、肥乡区、峰峰矿区、磁县殡仪馆和邢台沙河市殡仪馆管理混乱，特别是峰峰矿区殡仪馆、磁县殡仪馆还存在冒用他人之名火化的违法问题。

四、防范措施

（1）牢固树立安全发展理念。各地各有关部门要深刻汲取"2·24"事故的惨痛教训，切实增强"四个意识"，坚定"四个自信"，做到"两个维护"，牢固树立以人民为中心的发展思想，坚持人民至上、生命至上，切实增强责任感和使命感，强化红线意识和底线思维。进一步健全"党政同责、一岗双责、齐抓共管"的安全生产责任体系，按照"三个必须"和"谁主管谁负责"的原则，压实责任，狠抓落实，有效防范各类事故发生，坚决维护人民群众生命财产安全和社会稳定。

（2）进一步深化非煤矿山行业安全专项整治三年行动。各地各有关部门要按照《河北省非煤矿山安全专项整治三年行动实施方案》要求，进一步细化具体落实措施，武安市的实施方案要严于邯郸市，邯郸市的实施方案要严于全省。要健全完善非煤矿山安全管理制度规范，强化安全生产源头治理，加大风险分级管控和隐患排查治理体系建设，大力提升从业人员安全技能，督促非煤矿山企业严密管控重大安全风险，认真排查整治隐患。要加大督促检查力度，及时协调解决整治工作中存在的突出问题，要将非煤矿山领域打非治违工作贯穿安全专项整治三年行动全过程，确保非煤矿山安全专项整治工作取得扎实成效。

（3）全面推进非煤矿山企业安全生产主体责任落实。各地要清醒认识非煤矿山安全生产工作的严峻性和复杂性，持续加大执法检查力度，推动非煤矿山企业切实履行安全生产主体责任。要推动企业不断深化"双控"机制和安全生产标准化建设，加强教育培训，不断提升从业人员专业能力和安全意识，坚决制止"三违"行为；要加大安全投入，积极推广应用先进技术、工艺、装备和材料，坚决淘汰落后工艺、设备，从根本上提升非煤矿山安全生产水平，坚决防范和遏制事故发生。

（4）严格复工复产审批和验收。矿山复工前，应组织专家按照河北省金属非金属矿山复工检查内容进行安全现状评估和隐患排查，并制定完善的复工方案和符合实际的安全技术措施。特别是长期停产和服务年限较长的中小型矿山，要重点检查布置在安全出口和升降人员井筒内的梯子间的平台梁、隔离网、梯子有无锈蚀和变形，发现隐患及时消除。严格验收程序，谁验收、谁签字、谁负责。企业应严格执行内部验收程序和标准，并经相关部门确认具备安全复工条件后，方可复工。

（5）加强提升系统安全监督管理。严格市场准入，严查矿山企业使用非矿用产品的行为，打击生产、制造"非标"矿用产品违法行为。除竖井凿井期间按照《金属非金属矿山安全规程》的规定制定完善的安全措施后，可以使用吊桶或吊罐升降人员外，任何矿山企业严禁使用非罐笼升降人员。加大对在用的生产系统提升人员设备、设施的安全监督检查力度，督促企业建立提升人员系统档案，健全设备维修、保养相关记录，坚决淘汰停用不符合法律、法规、标准要求的设备、设施。

（6）深入研究解决非煤矿山行业安全监管体制机制问题。武安市各级各部门要深刻汲取本次事故惨痛教训，以案为鉴，举一反三，高度重视非煤矿山行业安全生产工作。武安市委市政府要全面检视非煤矿山行业安全监管存在的深层次问题，进一步理顺非煤矿山行业安全监管体制机制，有效改变"多龙治水"局面，简化监管层级，厘清职责边界，实现精准监管。

（7）着力解决非煤矿山领域突出问题。武安市要按照全省统一部署，着力解决当前非煤矿山领域存在的突出问题。一要切实加强提升系统的维护与管理，严格执行提升设备安、拆、检测检验相关规定，明确专人负责，严格运行管理。二要强化外包工程施工队伍的安全管理，严格审核相关资质及安全生产条件。三要强化企业动火作业安全管理，严格落实动火作业各项安全措施。四要强化对爆破作业单位的安全管理和资格审核，严格执行民用爆炸物品安全管理各项规定。

（8）严打重处瞒报生产安全事故行为。全省各级各部门特别是邯郸市和武安市要坚持人民至上、生命至上，从推动安全发展、高质量发展的政治高度，切实提高对瞒报事故查处工作重要性的认识。要综合运用执法检查、有奖举报等多种手段，加大对瞒报生产安全事故行为打击力度，做到有报必查，查实重处，营造不敢违的高压态势，打造不能违的约束机制，要加大安全生产宣传教育力度，努力增强全社会的安全意识、法制意识和责任意识，筑牢不想违的思想防线。

一案五问一改变

1. 我对该事故的最深感触是什么？

2. 如果该事故中暴露的问题就出现在我身边，我该怎么办？

3. 如果该事故就发生在我身上，我的亲人和朋友会如何？

4. 我从该事故中汲取了什么教训？

5. 学习事故案例后我最想对同事和亲人说什么？

为避免同类事故，在今后的工作中我将做出以下改变：

广西华锡集团矿业有限公司铜坑矿业分公司"2·26"冒顶事故案例[①]

2022年2月26日16时10分，广西华锡矿业有限公司铜坑矿业分公司发生一起冒顶事故，造成1人死亡，1人受伤。

一、事故经过

2022年2月26日16时左右，广西华锡矿业有限公司铜坑矿业分公司外包施工单位浙江天增建设集团有限公司广西南丹分公司职工梁某岳、梁某友到井下386 m水平203−1号线浅孔采矿点进行打钻作业时，被突然冒落石块（长2 m，宽1 m，厚0.3~0.4cm）压埋，造成1人死亡，1人受伤。

二、暴露问题

这起冒顶事故充分暴露出矿山企业全员安全生产责任制未建立健全，作业人员安全意识不强，现场安全管理不规范，安全防护措施不到位，教育培训工作未有效实施，隐患排查治理走过场等突出问题，也充分反映矿山安全生产形势依然十分严峻。

三、防范措施

（1）提高政治站位，切实增强做好矿山安全生产工作的责任感和紧迫感。各县（区）要深刻汲取我市近期接连发生2起非煤地采矿山生产事故教训，要清醒认识当前安全生产面临的严峻形势，深刻认识做好当前安全生产工作的特殊

---

① 资料来源：广西河池市应急管理局. 关于广西华锡集团矿业有限公司铜坑矿业分公司"2·26"冒顶事故的通报（河应急发〔2022〕14号）.（2022−02−28）〔2023−06−21〕. http://yjglj. hechi. gov. cn/xxgk/fdzdgknr/zdlyxxgk/t11753043. shtml.

性和艰巨性，以对党和人民高度负责的精神，坚决扛起防范化解重大安全风险的政治责任。要高度警惕我市部分矿山企业在高额利润的驱动下突破安全底线，忽视隐患排查治理不到位和采掘作业不安全因素等各种重大安全风险，扎实做好当前矿山复工复产工作，切实强化"促一方发展、保一方平安"的政治自觉，坚决防止松懈麻痹思想，始终绷紧神经、保持高度敏感。

（2）强化事故防范，全面深入开展矿山安全隐患排查整治。全市所有矿山企业要深刻汲取事故教训，举一反三，全面彻底开展安全生产大排查。地下矿山方面：把防范冒顶片帮，采空区坍塌，中毒窒息，火灾，坠罐跑车、高处坠落等事故隐患作为重中之重，强化现场管理，确保采掘，通风，排水，提升运输，供电等系统安全可靠。露天矿山方面：要突出加强对边坡、台阶边缘、上山道路，机动车辆，破碎系统，排土场，砂石堆场等重点部位，重点设备检查。尾矿库方面：要加强对放矿，筑坝，排洪构筑物进出水口的检查，以防垮坝溃坝为重点，切实把矿山隐患排查治理工作抓细抓实抓好，对隐患排查治理实行闭环管理。

（3）坚持从严从实，有序推进矿山复工复产。各县（区）要认真贯彻落实《国家矿山安全局广西局　自治区应急管理厅关于加强全区矿山复工复产安全防范工作的通知》（矿安桂〔2022〕6号）要求，督促矿山企业严格落实复产复工验收工作程序，全面推动复工复产各项安全防范责任措施，对未经验收、验收不合格或者未按规定履行签字手续等情况一律不得复工复产。对复工复产无望的矿山，要引导矿山企业主动关闭退出，同时要督促矿山企业全面强化员工安全培训教育，未经安全培训教育合格的人员不得上岗作业，安全管理人员和特种作业人员必须持证上岗，坚决杜绝矿山企业抢工期，赶进度、超能力、超强度、超定员等各种违法违规行为，确保矿山企业复工复产稳妥、安全、有序推进。

（4）保持高压态势，强力推动矿山监管执法。各县（区）要强化矿山安全监管执法，对执法检查中发现的各类非法违法行为，要紧盯不放，严格执法闭环管理，督促企业压实主体责任、彻底整改。对严重违法行为，要严格落实停产整顿、关闭取缔、上限处罚、追究法律责任"四个一律"执法措施，"从严、从快、从重"查处，严肃追究相关企业及人员的责任，及时在媒体上曝光，强化警醒震慑，严防事故发生。对因执法不严导致责任事故的，将依法追究责任。要抓住一个典型、震慑一片，持续保持"打非治违"高压态势。

（5）强化问责机制，严肃事故查处和责任追究。南丹县要严格按照国家有关规定，坚持"四不放过"和"科学严谨、依法法规、实事求是、注重实效"的原则，认真开展事故调查处理工作，严肃查清事故性质和原因，对安全生产工作不负责、不作为，对安全监管责任不落实、措施不得力，重大问题隐患悬而不决，对发生事故责任单位和有关人员依法依规严肃追究相关责任。

✍ 一案五问一改变

1. 我对该事故的最深感触是什么？

2. 如果该事故中暴露的问题就出现在我身边，我该怎么办？

3. 如果该事故就发生在我身上，我的亲人和朋友会如何？

4. 我从该事故中汲取了什么教训？

5. 学习事故案例后我最想对同事和亲人说什么？

为避免同类事故，在今后的工作中我将做出以下改变：

3月

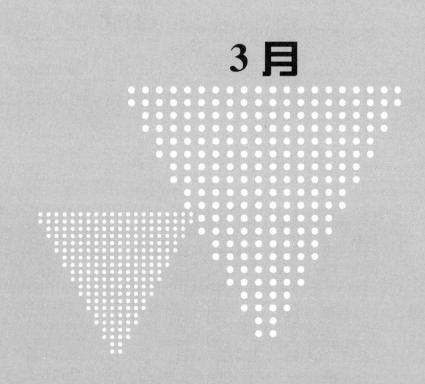

湖南有色金属有限公司黄沙坪矿业分公司"3·5"高处坠落事故案例①

2019年3月5日10时24分左右，湖南有色金属有限公司黄沙坪矿业分公司+20 m 中段溜矿井发生一起高处坠落事故，造成1人死亡，直接经济损失115.7万元。

一、事故经过

2019年3月5日7时20分左右，湖南有色金属有限公司黄沙坪矿业分公司四采矿场3号盲竖井值班长曹某明在1号斜井口对上班的3人黄某平（3号盲竖井运信工）、邱某华（3号盲竖井信号工）、欧阳某红（3号盲竖井信号工）进行工作安排，要他们注意跟罐，保证上下人员的安全。8时左右，黄某平、邱某华、欧阳某红三人从1号斜井乘坐斜井人车下到+165 m 中段，曹某明回到四采矿场办公室参加领导派班，派班领导是周某坪（四采矿场党支部书记）、李某锋（四采矿场主任）、付某（四采矿场提升设备副主任）、邝某辉（四采矿场安全员）。四位领导就当天工作安排进行了布置。大约8时20分，曹某明从1号斜井坐人车下到+165 m 中段，走到3号盲竖井信号房位置，与黄某平、邱某华、欧阳某红三人汇合在一起，并在现场重新进行了工作安排。安排黄某平负责跟罐，邱某华负责在信号房坐台，欧阳某红去-56 m 中段信号房打扫卫生。9时12分左右，欧阳某红乘坐罐笼约2 min 后到达-56 m 中段信号房进行当天工作。大约在10时16分，欧阳某红完成当班任务从-56 m 中段乘坐罐笼到达+165 m 中段，当时曹某明没看到欧阳某红出罐笼，于是就叫他的名字。欧阳某红从罐笼另一边走出来，说我在这里，然后欧阳某红站到信号房边上，没有坐下来

---

① 资料来源：郴州市应急管理局. 湖南有色金属有限公司黄沙坪矿业分公司"3·5"高处坠落事故调查报告.（2019 - 11 - 19）[2023 - 06 - 26]. http://yjglj.czs.gov.cn/yjjy/content_3020019.html.

休息，就对黄某平说：要顶替黄某平的岗位，自己代黄某平跟罐，顺便到 +20 m 中段去解手（大便）。随后欧阳某红从 +165 m 中段乘坐笼笼去 +20 m 中段，出罐笼时间为 10 时 20 分（监控视频时间）。欧阳某红在 +20 m 中段碰见了分管 −16 m 中段的充填采场安全工邝某满。邝某满问欧阳某红，你去干什么？欧阳某红说：去解手（大便），人往 +20 m 溜矿井方向走去。约 10 时 24 分欧阳某红在 +20 m 中段矿井坠亡。

二、事故原因

（一）直接原因

遇难者欧阳某红安全意识淡薄，自保能力差，在跟罐时擅自脱离岗位，冒险进入 +20 m 中段溜矿井卸矿口"逗留"，不慎坠入溜矿井，造成事故的发生。

（二）间接原因

（1）现场安全管理不力。一是四采矿场 3 号盲竖井事故当班值班长曹某明在 13 时左右从 1 号斜井乘坐人车出井到矿区的金华饭店吃完班中餐后，未与同班职工同进同出，井下出现空班漏管现象，违反了企业安全管理制度的有关规定；二是跟罐工欧阳某红离岗后罐笼长时间违反操作规定运行；三是联保互保制度落实不力，同班人员在发现欧阳某红未用中餐后未引起警觉、未进行报告；四是出入井制度落实不力，未对井下作业人员出入井进行严格管控，也未对井下作业人员出入情况进行记录；五是交接班制度执行不力，班长对交接班制度内容不清楚，无安全交底、技术交底和任务交底，交接班、派班指令等纪录内容不完整或缺失；六是公司在全国两会特防期未采取有效的、加强安全管理的特殊措施。

（2）隐患排查不力。一是班长班前安全确认流于形式，并存在代签字现象；二是公司及场部带班下井人员对重点区域及关键环节检查不力，未严格落实同时出入井要求，升井后未对当班井下人员升井情况进行确认；三是现场安全管理人员思想麻痹，对事故点溜矿井格筛孔隙过大、无防护措施等隐患熟视无睹，导致隐患长期存在；四是未发现人员定位系统覆盖不全面、运行不正常、没有执行每班出入井状态确认等隐患，导致欧阳某红未按时升井，相关管理人员全然不知，直至其家属询问才开展找寻工作。

（3）应急救援不力。一是因联保互保及出入井管理不力，导致事故发现不及时、报告不及时、应急响应不及时；二是事故发生后未规范启动事故应急救援预案，开展科学、有效的应急救援，在应急救援过程中未有效利用人员定位与监测监控系统的作用及时锁定死者失踪区域；三是在发现矿帽等有效线索后未采取停止放矿等措施开展科学、有效的救援。

（4）安全教育培训不力，员工安全素质差。一是班前安全教育学习不到位，未严格执行班前的安全教育与学习，员工安全意识淡薄、违章作业；二是公司安全管理人员对安全规程、操作规程的条文规定学习不够、掌握不准、执行不力。

三、责任追究

经认定，这是一起一般生产安全责任事故。欧阳某红（遇难者），四采矿场跟罐工，安全意识淡薄，自保能力差，在跟罐时擅自脱离岗位，冒险进入 +20 m 中段溜矿井卸矿口"逗留"，不慎坠入溜矿井，对本次事故发生负直接责任因其在事故中死亡，免予追究责任。湖南有色金属有限公司黄沙坪矿业分公司四采矿场安全组组长、湖南有色金属有限公司黄沙坪矿业分公司四采矿场事故当班值班长、湖南有色金属有限公司黄沙坪矿业分公司一采矿场安全生产副主任、湖南有色金属有限公司黄沙坪矿业分公司安全环保部部长、湖南有色金属有限公司黄沙坪矿业分公司四采矿场主任等对事故的发生负有主要责任，依法给予政务处分和行政处罚。

湖南有色金属有限公司黄沙坪矿业分公司，对事故的发生负有责任，根据《中华人民共和国安全生产法》第一百零九条的规定，由郴州市应急管理局依法给予 25 万元罚款的行政处罚。

四、防范措施

（1）强化企业安全生产主体责任的落实。一是严格落实矿领导下井带班制度；二是建立事故隐患全员排查、登记报告、分级治理、整改销号制度，必须做到"四落实五到位"，做到不安全不生产；三是深刻汲取事故教训，举一反三，加强安全检查，加强隐患整改，集中力量抓好安全生产工作．坚决防范类似事故的再次发生；四是进一步建立健全安全管理制度，严格安全生产目标考核，迅速扭转企业安全生产严峻形势。

（2）加大安全投入，提升矿井本质安全水平。一是按照《矿山救护规程》要求配备 2 个矿山救护小队及救援装备，增强对突发事件的应急救援能力；二是进一步完善矿井紧急避险系统、监控系统、人员定位系统、通信联络系统、压风自救系统、供水施救系统等"六大系统"，加强维护保养，确保其正常运行；三是用科技手段改进溜矿井卸矿口的安全设施，设置电子监控、电动闸门等安全防护设施；四是合理设置井下厕所并实行定点管理，经常清扫和消毒。

（3）加强职工全员培训教育工作。一是加强员工三级安全教育培训工作，注重员工的安全意识、安全操作技能、隐患辨别处置能力和自保、互保、联保的能力培训，全面提高员工安全素质；二是加强班前安全教育培训学习，利用班前会查安全、讲安全，提高员工的安全意识；三是安全管理人员要加强《金属非金属地下矿山安全规程》等规程、规范的培训和考核，确保企业安全管理人员在工作中严格掌握标准、严格执行标准。

一案五问一改变

1. 我对该事故的最深感触是什么？

2. 如果该事故中暴露的问题就出现在我身边，我该怎么办？

3. 如果该事故就发生在我身上，我的亲人和朋友会如何？

4. 我从该事故中汲取了什么教训？

5. 学习事故案例后我最想对同事和亲人说什么？

为避免同类事故，在今后的工作中我将做出以下改变：

广西拓利矿业有限公司拉么锌矿 "3·12" 冒顶片帮事故案例①

2019 年 3 月 12 日 11 时 50 分左右，广西拓利矿业有限责任公司拉么锌矿 610 坑口 440 水平 4 号矿体 5 号作业面发生一起冒顶片帮事故，造成 1 人死亡，直接经济损失约 102 万元。

一、事故经过

2019 年 3 月 12 日上午 7 时 30 分左右，安久公司副总经理姚某周在 610 坑口派班，安排蓝某芬和谭某强班组 2 人先配合其他班组作业，然后到拉么锌矿 610 坑口 440 水平 4 号矿体 5 号作业面进行凿岩作业。派完班后，蓝某芬、谭某强从 610 坑口下井，按派班要求，先到 508 水平压风机房配合其他班组完成枕木装卸作业，完成装卸作业后，两人大约在 8 时 40 分到达 4 号矿体 5 号作业面，在进行初步的现场安全确认后，两人开始处理作业面的顶板和边帮松石。大约上午 9 时，姚某周来到作业面，指导蓝某芬班组进行松石处理，约 10 时 30 分处理完松石后，姚某周在现场 "安全三确认" 登记表上签字确认安全，并交代蓝某芬、谭某强两人凿岩作业安全事项后离开作业面。随后由谭某强扶钎，蓝某芬负责拿钻机开始凿岩作业。11 时 50 分左右，在进行第 3 个钻孔凿岩作业时，蓝某芬听到后面有声音，回过头发现谭某强被一块掉落的松石（长约 2 m，宽约 1 m，厚约 0.5 m）砸中倒在地上。发现谭某强受伤后，蓝某芬放下钻机，将谭某强背出作业面，大约背出 10 m，遇到拉么矿生产调度室副主任黄某义、生产技术科罗某、覃某贤以及安环科安全员韦某等 4 人，黄某义立即将事故信息汇报拉么锌

---

① 资料来源：广西河池市南丹县人民政府. 南丹县人民政府关于广西拓利矿业有限公司拉么锌矿 "3·12" 冒顶片帮事故调查结案的通知. (2019 – 04 – 26) [2023 – 06 – 21]. http://www.gxnd.gov.cn/xxgk/zdlyxxgk/shgysyjs/aqscly/aqsgtcbg/t6614927.shtml.

矿生产调度值班室，随后几人一起将谭某强送往 610 井口。值班室接到事故信息后逐层向带班领导韦某华、矿长覃某清汇报，矿长覃某清接到事故报告宣布启动拉么锌矿事故应急预案，并安排拉么锌矿卫生所救援车辆到 610 坑口 508 水平岔道口等候伤者。当谭某强被背到 508 水平岔道口时，拉么锌矿卫生所救援车辆也刚好到达，蓝某芬几人一起将谭某强抬上车，伤者到达 610 井口地面后随即被送到车河镇卫生院救治。

二、事故原因

（一）直接原因

（1）姚某周，安久公司副总经理，安全负责人，事故发生前作业面作业现场安全条件检查确认人员，作业前检查作业地点安全情况不彻底，落实顶板管理制度不到位，作业前安全确认工作不到位。作为安久公司安全负责人，履行安全监管工作职责不到位，未能全面掌握公司作业面的安全生产状况，对井下作业的安全生产工作检查不到位，未能及时发现和督促排查生产安全事故隐患。

（2）莫某江，拉么锌矿安环科安全员，作业当班安全员，凿岩作业前没有到作业面检查安全情况，安全确认工作不到位，未签字确认，落实安全检查制度、顶板管理制度不到位。

（3）兰某芬，安久公司班组长、钻工，安全意识淡薄，对生产作业区域顶板、片帮隐患处理不彻底，落实顶板管理制度不到位，作业前安全确认工作不到位。

（二）间接原因

（1）田某庆，安久公司总经理，督促落实本单位安全生产管理制度和操作规程不到位。

（2）吕某锋，拉么锌矿安环科科长，督促检查本单位安全生产状况不到位，未能及时督促排查生产安全事故隐患。

（3）韦某华，事故当班带班下井领导，带班职责履行不到位，未能全面掌握生产区域的安全生产状况，对井下重点部位、关键环节的安全检查工作督促检查不到位。

（4）雷某春，拉么锌矿安全副矿长，督促检查本单位安全生产状况不到位。

（5）覃某清，拉么锌矿矿长，督促落实本单位安全生产管理制度和操作规程不到位。

（6）安久公司落实相关安全生产法律法规及本单位安全生产制度、操作规程不到位，对员工安全教育培训不到位，督促检查本单位安全生产状况不到位。

（7）拉么锌矿落实相关安全生产法律法规不到位，督促检查本单位安全生产状况不到位，督促执行本单位安全生产制度和操作规程不到位，对员工安全教育培训不到位，对外包工程作业现场安全管理监督检查不到位。

三、责任追究

（一）对相关人员的责任认定和处理意见

（1）姚某周，安久公司副总经理，安全负责人，事故当班作业前安全确认人员，作业前检查作业地点安全情况不彻底，落实顶板管理制度不到位，作业前安全确认工作不到位。作为安久公司安全负责人，履行工作职责不到位，未能全面掌握公司作业面的安全生产状况，对井下作业的安全生产工作检查不到位，未能督促及时排查生产安全事故隐患，对事故发生负有管理责任。

（2）莫某江，拉么锌矿安全员，作业前没有到作业面进行安全确认，落实安全检查制度、顶板管理制度不到位，对事故发生负有直接管理责任。

（3）兰某芬，安久公司班组长、钻工，安全意识淡薄，对生产作业区域顶板、隐患处理不彻底，落实顶板管理制度不到位，作业前安全确认工作不到位，对事故发生负有直接责任。

（4）田某庆，安久公司总经理，督促、检查本单位安全生产工作不到位，督促安全生产管理制度和操作规程落实不到位，对事故发生负有管理责任。

（5）吕某锋，拉么锌矿安环科科长，督促检查本单位安全生产状况不到位，未能及时督促排查生产安全事故隐患，对事故发生负有管理责任。

（6）韦某华，事故当班带班下井领导，带班职责履行不到位，未能全面掌握生产区域的安全生产状况，对井下重点部位、关键环节的安全检查工作督促检查不到位，对事故发生负有管理责任。

（7）雷某春，拉么锌矿安全副矿长，督促检查本单位安全生产状况不到位，对事故发生负有管理责任。

（8）覃某清，拉么锌矿矿长，督促落实本单位安全生产管理制度和操作规程不到位，对事故发生负有管理责任。建议南丹县应急管理局依法依规对姚某周、莫某江进行行政处罚；建议拉么锌矿依照企业内部管理规定对兰某芬、田某庆、吕某锋、韦某华、雷某春、覃某清进行处罚，处理结果报南丹县应急管理局。

（二）对责任单位的责任认定和处理建议

（1）安久公司落实安全生产法律法规及本单位安全生产制度、操作规程不到位，对员工安全教育培训不到位，督促检查本单位安全生产状况不到位。建议拉么锌矿依照《非煤矿山外包工程安全生产管理协议》对安久公司进行处理，并要求安久公司认真吸取事故教训，作出深刻检讨，处理结果报南丹县应急管理局。

（2）拉么锌矿落实相关安全生产法律法规不到位，督促检查本单位安全生产状况不到位，督促执行本单位安全生产制度和操作规程不到位，对员工安全教育培训不到位，对外包工程作业现场安全管理监督检查不到位，对事故的发生负有主体责任。建议南丹县应急管理局依照相关法律法规对拉么锌矿进行行政处罚。

四、防范措施

广西拓利矿业有限责任公司拉么锌矿"3·12"冒顶片帮事故，暴露出企业存在对员工安全教育培训不到位、隐患排查不彻底、安全监管不到位、规章制度执行不力等问题。为杜绝类似事故再次发生，提出如下防范措施。

（1）安久公司要认真反思，深刻吸取事故教训，配齐配强安全管理人员，严格落实安全生产法律法规及本单位安全生产规章制度和安全操作规程，加强员工安全教育培训，强化井下作业现场安全检查，认真排查和治理生产安全事故隐患。

（2）拉么锌矿要严格按照《非煤矿山外包工程安全管理暂行办法》的相关规定，将外包工程队项目部纳入本单位的安全管理体系，实行统一管理，杜绝以包代管，要加强对员工"三级"安全教育培训，对外包工程的作业现场实施全过程监督检查，严厉查处"三违"作业行为。

（3）拉么锌矿要认真落实企业主体责任，配齐配强安全管理人员，严格落实本单位制定的安全生产责任制和操作规程，严格执行"顶板管理"制度、作业现场安全"三确认"制度。依法依规开展安全教育培训，提升安全管理人员和作业员工的安全意识。

（4）拉么锌矿要建立和完善安全生产事故隐患排查治理长效机制，严格按照《安全生产事故隐患排查治理暂行规定》（国家安监总局第16号令）的相关要求，认真组织开展安全生产隐患排查整治工作，建立隐患排查治理台账。进一步落实顶板的分级管理制度和专职顶板管理人员，完善顶板监控手段和处理措施，切实防止类似生产安全事故的再次发生。

（5）拉么锌矿要进一步完善安全生产考核制度，加强对外包工程队、矿部安全管理人员的到岗到位情况的考勤考核，杜绝离岗、缺岗现象，确保作业现场安全监管人员到位。

1. 我对该事故的最深感触是什么？

2. 如果该事故中暴露的问题就出现在我身边，我该怎么办？

3. 如果该事故就发生在我身上，我的亲人和朋友会如何？

4. 我从该事故中汲取了什么教训？

5. 学习事故案例后我最想对同事和亲人说什么？

为避免同类事故，在今后的工作中我将做出以下改变：

山东省临沂市苍山县济钢集团石门铁矿有限公司"3·15"重大坠罐事故案例①

2012 年 3 月 15 日 0 时 36 分，临沂市苍山县济钢集团石门铁矿有限公司（以下简称石门铁矿）发生罐笼坠落事故，造成 13 人死亡，直接经济损失 1560 万元。

一、事故经过

2012 年 3 月 14 日 24 时，副井中班和夜班提升机司机、信号工交接班，当时主罐笼往井下运送铲运机工作还没有完全结束，到 15 日 0 时 33 分左右铲运机卸完。此时，井口信号盘为检修控制模式，井口信号工在没有转换控制模式的情况下，利用副罐笼向井下运送工人。当 13 名工人进入罐笼后，信号工在摇台未完全抬起的情况下，便向提升机司机发出了开车信号。0 时 36 分 24 秒启动提升机。6 s 后罐笼上端被卡住，提升机继续运行，26 s 后罐笼开始向井下坠落，37 分时提升机司机将提升机停止，随后，钢丝绳断裂，罐笼直接坠向井底，13 名工人全部遇难。

苍山县委、县政府接到事故报告后，立即启动应急预案，主要领导带领县应急办等部门的负责同志迅速到达事故现场，开展救援指挥工作，并及时向临沂市政府报告。临沂市接到事故报告后，市委、市政府主要领导带领市直有关部门负责同志赶赴现场指挥抢救。现场成立了应急救援指挥部，下设 4 个工作组，分别负责现场救援、医疗救助、维护秩序和善后处理，迅速调集了 1 台应急供电车、2 台消防车、10 余台救护车辆，参与救援人员 110 余人。同时，中钢集团山东矿业有限公司、临沂矿业集团公司会宝岭铁矿积极提供部分抽水设备。截至 15 日

---

① 资料来源：晋中市应急管理局.山东省临沂市苍山县济钢集团石门铁矿有限公司"3·15"重大坠罐事故.（2018-07-30）〔2023-06-21〕. https://yjglj.sxjz.gov.cn/fmjg/content_239866.

22 时 30 分，13 名遇难人员遗体全部升井，救援工作结束。

二、事故原因

（一）直接原因

井口信号工违章操作，副罐笼防坠和松绳保护装置失效是发生事故的直接原因。井口信号工未按规定观察集中控制台模拟显示屏上运行控制模式，在提升人员时仍使用"检修"状态；仅用目测摇台抬起、安全门关闭情况。在摇台未完全抬起、安全门未关闭的情况下，向提升机司机发出开车信号，致使罐笼上端被卡在井口进车端焊接在摇台的压接板上。提升机继续运行，松绳约 66 m 后，罐笼开始向下坠落，至钢丝绳拉断瞬间受到的冲击力是其破断拉力的 5.9 倍，钢丝绳被拉断。钢丝绳出绳口临时安装的防寒防尘挡板使松绳保护装置失效；防坠装置日常维修保养不到位，防坠抓捕机构传动装置不灵活，没有起到防坠作用。

（二）间接原因

（1）石门铁矿违章指挥。地下开采办公室主要负责人安排提升机司机担任信号工；提升机司机由原来的 2 人减为 1 人单岗操作，升降人员时缺少监护司机；安排维修人员安装提升机房钢丝绳出绳口挡板，致使松绳保护装置失效。

（2）石门铁矿安全生产主体责任不落实，安全管理混乱。石门铁矿未按照要求，及时配备采矿、地测、机电等专业技术人员，虽然制订了安全生产责任制等规章制度，但落实不到位，执行不力。未按《金属非金属矿山安全规程》要求，定期对罐笼进行防坠实验。设备检查维护人员素质低，日常维修保养不到位，防坠器的抓捕机构各传动销轴转动不灵活，致使防坠器失效。2011 年石门铁矿曾经发生过一起死亡 2 人、重伤 1 人的提升事故，该矿没有深刻吸取事故教训，采取有效防范措施。对露天转地下建设项目以包代管，对招标工程把关不严，违规与不具备法人资质的温州东大矿建工程有限公司驻石门铁矿项目部签订工程承包合同，对项目部的安全生产工作没有统一协调和管理。

（3）温州东大矿建工程有限公司安全管理混乱。温州东大矿建工程有限公司对该公司驻石门铁矿项目部没有认真考察有关专业技术人员情况，项目部经理不具备矿山安全生产专业技术知识；乘罐人员违规从罐笼两端进入罐笼；井下各中段提升作业没有安排专职信号工；井下作业人员数量不清。

（4）济钢集团有限公司对安全生产管理责任移交不到位。石门铁矿改制后，济钢集团有限公司没有按山东省国资委等部门发布《关于在当前国有企业改革改制中落实有关工作责任制的通知》要求，将安全生产管理责任移交所在地政府，只是将《济钢集团有限公司关于不再承担安全生产监管责任的报告》送到苍山县安监局，落实移交责任不到位。

（5）苍山县安监局履行综合监管职责不到位。苍山县安监局接到济钢集团移交安全管理责任的报告后，没有及时向县政府报告，也没有制定相应的监管措施。

（6）苍山县政府没有牢固树立安全发展理念，重发展、轻安全，落实安全生产监管体系措施不到位。苍山县政府在加强安全监管体系建设，落实部门安全监管责任、督促企业落实安全生产主体责任、强化隐患排查治理等方面，指导力度不够，缺乏针对性、实效性，没有形成部门、行业对安全生产监督检查各负其责、齐抓共管的整体合力。

（7）非煤矿山建设项目建设期间无明确的安全主管部门。矿山建设期间的安全监管职能原来由行业主管部门承担，随着矿山行业主管部门被撤销，矿山建设项目建设期间的安全监管出现空白。

三、责任追究

经事故调查认定，本次事故是一起重大责任事故，依规依纪依法对 18 名相关责任人员进行追责问责。其中，石门铁矿董事长兼总经理、法人代表和石门铁矿矿长助理、石门铁矿露天转地下项目井采采场场长以及副井当班信号员、温州东大矿建工程有限公司驻济钢集团石门铁矿有限公司项目部经理、安全科科长、安全员等 6 人被开除党籍，移交司法机关依法追究刑事责任。石门铁矿分管安全生产副总经理、石门铁矿分管机电设备管理副总经理等 2 人被给予撤职、取消预备党员资格处分。石门铁矿露天转地下项目井采采场副场长兼乙班采掘工段段长、甲班运转工段段长、装备科科长、安全生产环保科科长、副井当班提升机司机等 5 人被给予撤职或辞退处分。济钢集团有限公司原安全环保处副处长被给予党内警告处分。苍山县副县长、县安监局局长、县安监局副局长、县安监局矿山科科长等 4 人被给予党纪政纪处分。

由临沂市安监局给予济钢集团石门铁矿和温州东大矿建工程有限公司各处 85 万元的行政处罚。

济钢集团有限公司向省国资委写出书面检查，苍山县政府向临沂市政府写出书面检查。

四、防范措施

为认真吸取事故教训，举一反三，严防类似事故的再次发生，建议重点采取以下防范措施。

（1）石门铁矿要落实主体责任，加强安全管理。石门铁矿要立即停止建设，对所有设备逐一进行安全检查，经检测合格后方可使用。要根据工作需要，配备采矿、地质、水文、机械、电气、通风等方面工程技术人员。要完善各项规章制度并切实抓好落实，及时对提升等设备进行维护保养，确保防坠、防松绳等安全装置动作灵活，准确可靠。要按照《金属非金属地下矿山特种作业人员配置》（DB37/T 1913—2011）规定，足额配备提升机操作人员等特种作业人员。同时，要加强对特种作业人员安全培训教育，增强处置应急情况的能力。要设置与工作要求相适应的安全生产管理机构，定期开展安全检查，及时发现和消除隐患。要切实加强对外包施工单位的管理，做到统一培训、统一考核、统一检查、统一奖惩。

（2）开展地下矿山提升系统专项检查。对全省所有地下开采矿山提升系统开展一次专项检查，主要内容是：提升系统的各部分，包括提升容器、连接装置、防坠器、罐耳、罐道、阻车器、罐座、摇台（或托台）、装卸矿设施、天轮和钢丝绳，以及提升机的各部分，包括卷筒、制动装置、深度指示器、防过卷装置、限速器、调绳装置、传动装置、电动机和控制设备以及各种保护装置和闭锁装置等，每天是否由专职人员检查一次，每月是否由矿机电部门组织有关人员检查一次；是否委托有资质的检测检验机构对提升绞车、提人容器、防坠器、钢丝绳等提升系统设备设施定期检测检验；提升机司机等特种作业人员是否持证上岗、配备数量是否满足要求；钢筋混凝土井架、钢井架和多绳提升机井塔是否按规程要求进行检查。对存在隐患的提升机，要立即停止使用，下达立即或者限期整改通知书，隐患未消除的不得使用。同时，有条件的矿山对于提升人员的设备要逐步采用多绳摩擦式代替单绳缠绕式。

（3）非煤矿山建设项目投资建设单位和施工单位要严格管理。非煤矿山投资建设单位要全面落实建设项目安全管理职责并承担安全生产主体责任，不得将建设项目发包给不具备相应资质的施工单位。要与施工单位签订专门的安全生产管理协议，明确各自的安全生产管理职责，并对建设项目安全生产工作进行统一管理。要加强对施工现场的安全监督检查，确保至少有1名安全管理人员在施工现场跟班检查，督促施工单位及时排查治理隐患。施工单位要严格按资质等级许可的范围承建相应的建设项目，严禁超资质能力施工，严禁转包工程和挂靠施工资质；要与投资建设单位签订专门的安全生产管理协议，明确采掘、供电、排水、通风、运输及相关安全设备、设施的安装、维修、保养、变更等安全生产管理职责、义务和应当采取的安全措施。

（4）将提升机信号工纳入非煤矿山特种作业人员进行管理，经培训考核取得资格证后，方可上岗作业。

（5）明确非煤矿山建设项目建设期间的安全监管部门，并制订有关监管规定和标准。一是各市、县（市、区）政府都要明确一个主管部门负责辖区内非煤矿山建设项目建设期间的安全监管，落实监管责任主体。二是制订非煤矿山建设项目建设期间的安全监管规定和标准，依法严格监管。

（6）加强对露天转地下开采矿山的安全监管。露天转地下开采的矿山企业，要按照鲁政办发〔2011〕67 号文件的要求，至少配备中级以上职称、本科以上文化水平且具有三年以上工作经验的采矿、地测、机电专业技术人员各 1 名。要设置与工作要求相适应的安全生产管理机构，定期开展安全生产监督检查，及时发现和消除隐患。加强对职工的安全教育培训，掌握必要的技能。加强对设备设施的维护保养，使之处于良好状态。

（7）规范国有企业改革改制过程中安全生产责任交接的主体和程序。国有企业在改革改制过程中要严格执行省国资委等 4 部门《关于在当前国有企业改革改制中落实有关工作责任制的通知》规定，改制后国有资本全部退出或退到参股地位的，其安全生产管理责任要及时向所在地政府交接，明确安全监管责任主体，避免出现漏洞。

（8）苍山县和临沂市有关职能部门要增强安全监管的针对性、有效性。临沂市所有地下矿山要立即停产，组织国土、公安、工商等有关部门制订周密的复产验收方案，经验收符合要求后方可恢复生产和建设，达不到要求的一律提请政府予以关闭。特别要加强对提升、排水、通风、压气等设备设施的安全检查，存在问题的一律停止使用，限期整改。临沂市和苍山县安监局要加强综合监管，督促有关行业主管部门和企业全面深入开展隐患排查治理工作，形成部门、行业对安全生产监督检查各负其责、齐抓共管的整体合力。

（9）苍山县政府要强化安全发展理念，进一步加强安全监管体系建设，加大矿产资源整合力度。苍山县政府要牢固树立安全发展的理念，将安全生产摆在更加重要的位置。要针对矿山数量较多、监管任务较重的实际情况，进一步加强安全监管队伍建设，充实矿山安全监管专业技术人员。同时，根据鲁政办发〔2011〕67 号文件的要求，向所有地下开采矿山企业派驻安全监督员。要采取切实有效措施，加大矿产资源整合力度，减少矿山数量，提高矿山规模，提升安全管理水平。

1. 我对该事故的最深感触是什么?

2. 如果该事故中暴露的问题就出现在我身边,我该怎么办?

3. 如果该事故就发生在我身上,我的亲人和朋友会如何?

4. 我从该事故中汲取了什么教训?

5. 学习事故案例后我最想对同事和亲人说什么?

为避免同类事故,在今后的工作中我将做出以下改变:

桑植县马鸿塔矿业有限公司东里溪炭质页岩矿"3·23"较大透水事故案例①

　　2015年3月23日21时25分，桑植县马鸿塔矿业有限公司东里溪炭质页岩矿发生一起较大透水事故，造成6人死亡，直接经济损失486万元。

一、事故经过

　　3月23日二班（16—24时），该矿10人入井。安排3处作业地点，其中：四平巷西掘进工作面作业人员3人（彭某左、彭某、肖某灯）；六平巷东掘进工作面作业人员3人（刘某林、张某平、李某刚），六平巷西掘进工作面作业人员3人（瞿某元、瞿某生、瞿某清）；带班矿领导兼瓦斯检查1人（安全副矿长贵某新）。

　　16时30分，四平巷西掘进工作面的出碴工彭某左、彭某、肖某灯3人到达四平巷后，肖某灯负责在四平巷车场内挂钩，彭某左、彭某两人各推一辆空车进入四平巷西掘进工作面，17时到达掘进掌头，看到巷道右侧垮落一堆煤，先装了一车煤，然后开始出碴，出碴时发现顶板有滴水，装好2车后将重车推至四平巷车场，再推空车返回掌头继续出碴。在出第4车碴的过程中彭某左发现巷道右上角煤壁上有浸水，煤壁目测有直径10 cm 的湿痕。

　　18时40分，安全副矿长贵某新到达该掘进工作面，彭某左、彭某向他反映了巷道右上角煤体有浸水的情况，贵某新用手指沾水放在嘴里试了一下，感觉没有什么味道，便告诉他们说可能不是老窑水，交代两人搞好敲帮问顶等安全注意事项后，19时10分便离开四平巷并出井。彭某左、彭某两人继续出碴，装到第

────────────────
①资料来源：湖南省应急管理厅. 桑植县马鸿塔矿业有限公司东里溪炭质页岩矿"3·23"较大透水事故调查报告.（2016－01－29）［2023－06－26］. http：//yjt. hunan. gov. cn/yjt/sgdcbgx/201601/t20160129_3368234. html.

8 车碴时，看到巷道右上角煤壁上出现了滴水加快，湿痕慢慢在扩大，两人商量后就准备出班。

21 时 20 分，二人收拾好工具，推着重车往四平巷车场走。距工作面约 20 m 就听到后面有垮落的响声，回头看时，发现离工作面当头又垮了一堆煤。两人立即加快推车速度，当推至距掘进当头 100 m 处时，感觉到有一股风从后面冲出。

彭某左、彭某二人快速推着车往车场走，快到四平巷车场时听到暗斜井内电铃声一直响个不停，到四平巷车场后，便叫上肖某灯三人一起沿暗斜井往上跑，跑到四平巷往上 20 m 处时，听到五平巷以下有水流冲刷和矿车向下翻滚声，三人迅速跑到地面并将井下透水情况向矿长向某设进行了报告。

二、事故原因

（一）直接原因

马鸿塔矿业有限公司东里溪炭质页岩矿四平巷西上部的老窿积水区，在隔水保护煤柱不足、支护不及时、隔水煤柱在爆破震动、上部积水水压和煤体自重共同作用下产生冒落；因公司探放水工作不到位，当班带队领导和作业人员发现有明显透水征兆，未采取果断措施撤离作业人员，透水后导致发生较大人员伤亡事故。

（二）间接原因

（1）桑植县马鸿塔矿业有限公司东里溪炭质页岩矿安全生产主体责任不落实。一是公司违法超深越界开拓、超许可矿种范围开采、以采代建。二是探放水管理不到位，该矿未对老窿分布情况和积水情况进行详细调查，老窿积水情况不明，没有在采掘工程平面图上标注水害威胁区域积水线、探水线和警戒线。三是探放水领导小组未认真执行探放水制度，未配备专用探放水设备，未编制探放水施工设计，未按规定进行长、短相结合的探放水施工，无探放水台账或记录，编制的掘进作业规程对探放水施工没有可操作性。四是违规组织施工，图实不符。春节后该矿未经相关主管部门复产验收合格，违规组织掘进施工，未按批准的初步设计组织矿山建设施工，3 月 10 日开始擅自回复四平巷西、六平巷东、西掘进工作面施工。矿长向某设在制作矿图时，未采用国家规定的坐标系统，将矿山井巷标高抬高 105.3 m。五是私藏民爆物品。六是公司安全生产管理、安全教育培训不到位，应急救援预案管理不到位。员工未按要求进行培训，安全意识淡薄，缺乏事故预兆分析判断基本知识。未按规定组织应急预案培训与演练，井下未按要求设置避灾线路指示牌。七是事故当班值班安全矿长未严格执行矿领导带班制度，提前升井。

（2）桑植县民用爆破服务有限责任公司安全生产主体责任不落实，对民爆物品保管不善，违规进行爆破作业。

（3）张家界市、桑植县国土资源局行政审批把关不严、执法不严、监管不力，导致事发矿长期超深越界开采、超许可矿种范围违法采煤。

（4）张家界市、桑植县安监部门安全监管不到位。对事发矿基建过程中存在的水害、相关人员无证上岗、事故整改措施未到位等安全产隐患督促整改不力。对以采代建、节后未经复产验收合格擅自复工等违规行为查处不到位。

（5）桑植县公安部门存在对企业违规使用民爆物品、违规进行爆破作业和私藏民爆物品等行为监管不到位。

（6）地方政府督促指导安全生产监督管理工作不到位。马合口乡党委、镇政府存在管理不到位、监管不力、落实安全生产"一岗双责"不到位的失职行为。桑植县委、政府对乡党委、政府及县直相关职能部门履职情况督促不到位。

三、责任追究

经调查认定，这是一起较大生产安全责任事故。马鸿塔矿业有限公司东里溪页岩矿实际投资人兼法定代表人、马鸿塔矿业有限公司东里溪页岩矿矿长、马鸿塔矿业有限公司东里溪页岩矿分管安全生产的副矿长、事故发生时当班带班下井矿领导、马鸿塔矿业有限公司东里溪页岩矿分管生产的副矿长、马鸿塔矿业有限公司东里溪页岩矿四平西掘进队队长被依法移送公安机关依法追究刑事责任。桑植县国土资源局副局长、桑植县国土资源局官地坪国土中心所所长、桑植县国土资源局党委书记、桑植县安监局非煤矿山监管股股长、桑植县马合口乡派出所所长兼危爆专干、桑植县公安局治安大队大队长、马合口乡党委副书记、乡人民政府乡长、马合口乡党委书记、桑植县人民政府党组成员、副县长、桑植县人民政府党组成员、副县长、张家界市国土资源局调研员、张家界市国土资源局党组书记、局长、张家界市安监局副局长依法给予党纪、政纪处分。

桑植县民用爆破服务有限责任公司安全生产主体责任不落实，对事故发生负有责任。由省公安厅对其问题依法查处，省安监局给予其罚款的行政处罚。

桑植县民用爆破服务有限责任公司法人代表、经理，对公司安全生产主体责任不落实负有主要领导责任，由省安监局对其处上一年年收入60%罚款的行政处罚。

桑植县马鸿塔矿业有限公司东里溪炭质页岩矿安全生产主体责任不落实，建议桑植县人民政府依法关闭桑植县马鸿塔矿业有限公司东里溪炭质页岩矿。

责成桑植县人民政府、张家界市人民政府分别向省人民政府作出深刻检查，认真开展煤矿、非煤矿山"打非治违"专项行动。

四、防范措施

（一）严格落实企业主体责任

（1）要严格清理整顿与煤共伴生的矿山，参照煤矿开采标准和要求加强安全管理，严格安全生产基本条件。一是要按照煤矿开采的相关法规、标准和有关规定编制开采设计、安全设施设计与安全评价。二是企业负责人（矿长、分管副矿长）必须具备煤矿安全专业知识，依法培训合格。三是要设置专门安全生产管理机构，配备不少于5人的专职安全管理人员；专职安全管理人员应熟悉煤矿安全管理知识和技能。四是要由有资质的机构每年对矿井瓦斯治理情况进行等级鉴定。五是要具备完整的独立通风系统。六是使用的涉及安全生产的产品必须取得煤矿矿用产品安全标志。七是爆破作业应严格执行"一炮三检"制度；井下爆破应按瓦斯、矿尘危险等级选用煤矿许用炸药和煤矿许用雷管。

（2）矿山企业要严格落实安全生产各项规章制度。地下矿山应严格执行矿领导带班下井制度，加强现场安全管理，定期组织安全检查和隐患排查；严格履行安全设施"三同时"规定，确保安全投入到位。要按规定编制并组织员工学习应急救援预案，定期组织演练，按要求设置避灾路线指示牌，让作业人员熟悉作业区域避灾路线。加强安全教育培训，提高员工自救互救能力，增强员工事故应急处理能力。

（3）矿山企业要认真落实防治水各项工作措施。建立防治水组织机构，健全防治水各项工作制度，配齐矿山排水、探水设备设施，严格执行采掘工作面探放水措施，尤其是在积水的旧井巷、老采区或相邻矿山等可能储水的区域，必须坚持"有疑必探，先探后掘"。对水文地质情况不清、资料不全或存在重大水患的，应立即停产，及时撤出井下全部作业人员，水害情况未查明前，严禁采掘活动。

（二）政府部门加强监管监督

（1）国土部门要严格依法进行矿产资源行政审批，加强矿产资源执法力度，严厉打击矿产开发超深越界、超许可矿种开采的违法行为，要加强对煤伴生矿种的监管，强化源头管控，严禁以煤伴生矿为借口非法采煤。

（2）安监部门要加强对基建矿山的监管，依法依规界定基建矿山以采代建行为，严禁以采代建的现象；要会同国土部门，加强煤与煤伴生矿种的安全生产监管，强化安全生产法律法规的执行力度。要严把矿山复产复工验收关，严厉打击未经安全验收擅自复产复工以及借整改名义进行非法违法生产的行为。

（3）公安部门要依法依规履行民爆物品监管职责，严格按照《民爆物品安全管理条例》及相关标准要求规定对民爆物品的购买运输、爆破作业及涉爆人员进行严格监管；要加强对爆炸作业设计施工单位的日常监管，严禁违规出借、挂靠资质的现象。

（三）各级政府加强组织领导，组织开展专项整治

深入推进矿山"打非治违"工作。组织各有关部门继续深入推进以"九打九治"为重点的打非治违专项行动，持续保持打非治违的高压态势，切实做到"四个一律"，严厉打击超深越界、超许可范围开采、以采代建、冒险作业、图实不符等非法违法行为。切实履行安全生产"一岗双责"的工作职责，加强对辖区内安全生产工作的组织领导，督促各级各部门按各自职责严格履职。开展排查治理，认真解决问题，要举一反三，重点排查，坚决纠正安全生产领域的违法违规行为。

一案五问一改变

1. 我对该事故的最深感触是什么？

2. 如果该事故中暴露的问题就出现在我身边，我该怎么办？

3. 如果该事故就发生在我身上，我的亲人和朋友会如何？

4. 我从该事故中汲取了什么教训？

63

5. 学习事故案例后我最想对同事和亲人说什么？

为避免同类事故，在今后的工作中我将做出以下改变：

4月

湖北省十堰市竹山县秦岭矿业投资有限公司金莲洞绿松石矿"4·8"较大冒顶事故案例①

2022 年 4 月 8 日，湖北省十堰市竹山县秦岭矿业投资有限公司秦古镇金莲洞绿松石矿（以下简称金莲洞矿）发生冒顶事故，造成 4 人死亡，直接经济损失约 619.12 万元。

一、事故经过

金莲洞矿为民营企业，设计生产规模为年采绿松石 3 t。该矿采用平硐多水平开拓，开采顺序为采区内由上而下顺序进行开采；设计采矿方法为改进的浅孔留矿法，但实际以探代采。

事故地点位于 +795 ～ +825 m 水平联络斜坡道上，该作业点属于 +795 m 水平 5 穿巷的第三条沿脉（简称"5 ~3 采矿作业点"），距离 +795 m 主平硐口 620 m。该作业点在批准设计回采范围之外，处于裂隙发育的含矿岩层中，作业面沿岩体走向布置。

2022 年 4 月 8 日，湖北省十堰市竹山县秦岭矿业投资有限公司秦古镇金莲洞绿松石矿（以下简称金莲洞矿）发生冒顶事故，造成 4 人死亡，直接经济损失约 619.12 万元。

二、事故原因

5 ~3 采矿作业点位于绿松石矿的成矿破碎带中，未采取支护措施，违规冒险撬毛作业，导致顶板冒落，造成 2 名撬毛工、2 名捡货工死亡。

---

① 资料来源：国家矿山安全监察局. 湖北省十堰市竹山县秦岭矿业投资有限公司金莲洞绿松石矿"4·8"较大冒顶事故案例.（2022 – 06 – 14）［2023 – 06 – 21］. https：//www. chinamine – safety. gov. cn/zfxxgk/fdzdgknr/sgcc/sgalks/202206/t20220614_415738. shtml.

三、暴露问题

（1）未按照安全设施设计组织生产。擅自在+795 m中段设计开采范围外掘进5~1、5~2、5~3、5~4等多个探矿巷道，以探代采；未按设计选矿，设计选矿工艺为矿井外选矿，但实际为井下作业面直接选矿。

（2）违规组织冒险作业。5~3采矿作业点区域内巷道无支护、采场顶板大面积悬空裸露，作业人员暴露在无任何支护措施的环境下，组织多人同时实施撬毛作业，且与捡货、凿岩施工等多工序平行进行。

（3）顶板管理不到位。未根据矿山实际生产特点进行安全风险辨识和管控；未按设计对不同岩石顶板进行支护，特别是针对采场破碎顶板未实施有效支护。

（4）安全管理不到位。未按照矿山作业特点配备相应的安全管理人员，缺少采矿、机电等专业专职技术人员；新进工人岗前培训不到位，未配备安全检查作业、通风作业、电工作业等特种作业人员；未严格执行入井登记制度，事故发生当日当班入井登记人数为23人，实际入井人数为52人（定员25人），且未全员佩戴定位识别卡；复工复产材料弄虚作假；迟报事故。

（5）地方监管部门对企业复工复产验收把关不严。竹山县应急局对金莲洞矿复工复产材料多处弄虚作假、复工检查标准有漏项等问题失察。

四、责任追究

事故共对18名相关责任人员进行追责问责。其中，对竹山县秦岭矿业投资有限公司法定代表人、矿长、安全总监等3人由公安机关采取措施。对该矿安全员、代理班长等4人给予处罚，对十堰市应急管理局副局长、竹山县常务副县长、竹山县应急管理局局长等11名公职人员追究责任。对金莲洞矿事故由十堰市应急管理局予以处罚，对秦岭矿业投资有限公司涉嫌越界开采的违法行为，移送至自然资源和规划部门依法依规进行处理。责成竹山县委县政府向十堰市委市政府作出深刻检查，责成十堰市应急管理局向市委市政府作出深刻检查。

一案五问一改变

1. 我对该事故的最深感触是什么？

2. 如果该事故中暴露的问题就出现在我身边，我该怎么办？

3. 如果该事故就发生在我身上，我的亲人和朋友会如何？

4. 我从该事故中汲取了什么教训？

5. 学习事故案例后我最想对同事和亲人说什么？

为避免同类事故，在今后的工作中我将做出以下改变：

溆浦县井湾矿业有限责任公司耐火粘土矿 "4·11" 较大瓦斯爆炸事故案例^①

2015 年 4 月 11 日 20 时 20 分，溆浦县井湾矿业有限责任公司耐火粘土矿（以下简称"井湾耐火粘土矿"）发生较大瓦斯爆炸事故，造成 4 人死亡（其中事故造成 3 人死亡，企业救援过程中造成 1 名救援人员死亡），1 人受伤，直接经济损失 265 万元。

一、事故经过

2015 年 4 月 11 日 19 时 50 分，井湾耐火粘土矿矿长舒某跃在矿部办公室值班，晚班（20—次日 2 时）作业人员除当班值班长黄某田在地面吃饭外，其他人员在地面装了一车支护木料后开始下井，并陆续进入各自作业岗位，其中地面绞车司机为舒某，二级盲斜井绞车司机为周某，三级盲斜井绞车司机为吴某友，四级盲斜井绞车司机为邓某胜，+204 m 中段运输大巷运输工为武某欢，+240 m 中段运输大巷 3 号天眼南平巷一个掘进工作面作业人员为武某爱、邓某贤、邓某徐、武某贤。作业人员下井时，邓某胜，邓某徐两人在三级盲斜井下放支护木料车。20 时 5 分，武某爱、邓某贤、武某贤、武某欢 4 人到达 +204 m 中段运输大巷 3 号天眼处，由于中班作业人员还没有下班，武某爱、邓某贤、武某贤、武某欢 4 人在 +204 m 中段运输大巷 3 号天眼下出口处等了约 5 min，中班作业人员下班了，武某贤、邓某贤先后进入距 +204 m 中段运输大巷 3 号天眼下出口 12 m 的 3 号天眼上部南平巷。

20 时 20 分，武某爱正在沿天眼往上向 3 号天眼上部南平巷爬时，在 +204 m

① 资料来源：湖南省应急管理厅. 溆浦县井湾矿业有限责任公司耐火粘土矿"4·11"较大瓦斯爆炸事故调查报告. (2016 - 01 - 13) [2023 - 06 - 21]. http://yjt.hunan.gov.cn/yjt/sgdcbgx/201601/t20160113_3368229.html.

中段运输大巷 3 号天眼下出口的武某欢突然听到"砰"的一声，紧接着，从 3 号天眼上部冲下来一个火球，将他裹在火球中，他的毛发被烧焦，面部和手等裸露部位的皮肤被灼伤，矿灯矿帽被吹走。同时，武某爱从天眼内掉下来，摔倒在武某欢身旁。武某欢对武某爱说"我自己也受伤了，无法救你，我到外面找人来救你"，然后找到矿灯后就朝 +204 m 中段井底车场走去。中班作业人员正在升井途中，武某贤、邓某贤被困 +204 m 中段运输大巷 3 号天眼上部南平巷内。

二、事故原因

（一）直接原因

井湾耐火粘土矿作业人员武某贤在未送风的 +204 m 大巷 3 号天眼平巷非法采煤过程中吸烟引爆瓦斯而发生事故，舒某等人进入事故现场施救不当，导致事故死亡人数增加。

（二）间接原因

（1）井湾耐火粘土矿长期"以采代建"、非法开采煤炭和越界开拓，安全生产主体责任不落实。一是企业资金投入严重不足，生产安全设备设施得不到完善，安全条件得不到保障，企业安全生产主体责任未落实；二是未设立安全生产管理机构，矿井安全管理人员配备不足；三是安全教育培训不到位；四是安全设施"三同时"建设不完善；五是通风管理不到位；六是瓦斯管理不到位；七是未建立入井检身制度；八是矿井应急救援预案未按要求组织培训和演练。

（2）溆浦县舒溶溪乡安全生产属地监管责任落实不到位。未按照《国务院关于预防煤矿生产安全事故的特别规定》（国务院第 446 号令）要求，及时发现所辖区域内非法开采煤炭行为，并采取有效制止措施；到井湾耐火粘土矿开展安全检查流于形式，多次检查都没有发现"以采代建"和非法开采煤炭等违法行为。

（3）溆浦县国土资源局对矿产资源监督管理责任落实不到位。未按照法律法规要求加大对非法采矿打击力度，对辖区内越界开采和非法开采煤炭资源等违法行为监督检查不力，对井湾耐火粘土矿长期越界开采和非法开采煤炭等违法行为失察；对溆浦县安监局《关于我县耐火粘土矿有关问题的函》，未引起足够重视，派员检查时未发现非法开采煤炭等违法行为；采矿许可证延证换发和年检工作流于形式，对井湾耐火粘土矿开展年检时未按照规定到现场进行检查。

（4）溆浦县安监局对非煤矿山安全生产监督管理责任落实不到位。许可井湾耐火粘土矿长期进行基建，未发现其存在"以采代建"行为，对井湾耐火粘土矿的监督检查流于形式；发现辖区耐火粘土矿巷道开拓沿共生煤层布置后，仅以《关于我县耐火粘土矿有关问题的函》移交溆浦县国土资源局查处，没有采取其他有效措施予以查处。

（5）溆浦县煤炭局未到现场核实，在井湾耐火粘土矿办理采矿许可证延续时未出具未进行煤炭开采的虚假证明。

（6）溆浦县公安局在为井湾耐火粘土矿审批火工品时，未对照采矿许可证核实其采矿矿种，为其非法开采煤炭提供了条件。

（7）溆浦县政府对"打非治违"重视程度不够，态度不坚决，工作不落实，对井湾耐火粘土矿长期存在的非法生产经营行为失察，对舒溶溪乡政府、县国土资源局、县安监局等部门履行监管职责督促检查不够。

三、责任追究

井湾耐火粘土矿矿长和井湾耐火粘土矿技术员对事故发生负有直接责任，检察机关依法立案侦查。溆浦县舒溶溪乡国土所所长、溆浦县舒溶溪乡安监站站长、溆浦县舒溶溪乡安监站安监员、溆浦县舒溶溪乡党委委员兼武装部长、溆浦县安监局矿管股股长、溆浦县国土资源执法监察大队副大队长、溆浦县舒溶溪乡尖岩塘村党支部书记、溆浦县国土资源局矿管股股长、溆浦县国土资源局党组成员、执法监察大队长、溆浦县舒溶溪乡党委副书记兼政协联工委主任、溆浦县国土资源局副局长、溆浦县公安局治安大队副队长、溆浦县公安局治安大队大队长、溆浦县安监局党组成员、溆浦县国土资源局党组书记、溆浦县安监局党组副书记、溆浦县公安局党委副书记、溆浦县人民政府副县长等人员对事故发生负有重要责任，给予党纪政纪处分。

井湾耐火粘土矿因非法开采煤炭资源引发较大生产安全事故，对事故发生负有重要责任，对井湾耐火粘土矿依法予以关闭，溆浦县有关部门依法吊销有关证照，停水断电，拉倒井架，炸毁井筒，填平夯实。

溆浦县政府对矿产资源及安全生产工作监管不力，责成溆浦县政府向怀化市政府作出深刻检查。

四、防范措施

（1）深刻吸取事故教训，切实提高思想认识。认真学习习近平总书记关于做好安全生产工作的重要指示，发展决不能以牺牲人的生命为代价，这必须作为一条不可逾越的红线。各级政府、各有关部门要认真学习、深刻领会、坚决贯彻落实习近平总书记的重要指示精神，始终把人民生命安全放在首位，牢固树立安全发展理念，不断增强做好安全生产工作的责任意识和红线意识，切实加强领导，落实责任，细化措施，狠抓落实，有效防范和坚决遏制重特大生产安全事故发生。

（2）在全市深入开展安全生产大检查。各级各部门要按照《怀化市安全生产委员会办公室关于溆浦县井湾矿业有限责任公司耐火粘土矿"4·11"较大瓦斯燃烧事故的通报》和4月17日全市安全生产工作视频会议要求，切实加强对大检查工作的领导，成立常年检查督查组和常年安全生产行政执法组各一个，制定周密方案，精心组织实施。要突出重点场所、要害部位和关键环节认真严格检查，排查出的隐患、问题要制表列出清单，建立台账，制订整改方案，落实整改措施、责任、资金、时限和预案；要组织督查组，全过程进行全面检查、督查；要采取明察暗访、突击检查、回头检查、交叉检查、专家参与检查等多种方式，确保工作实、措施严、效果好；要坚持"严"字当头、敢抓敢管、对隐患和问题"零容忍"，切实做到不留死角、不留盲区、不走过场。非煤矿山安全生产大检查要做到企业自查自纠全覆盖，县（市、区）安全检查全覆盖，地下矿山专家诊断安全检查全覆盖。

（3）严厉打击非煤矿山非法违法开采，实施整顿关闭活动。市安监局、国土资源局、公安局、电监办等部门要制定严厉打击非煤矿山非法违法开采实施整顿关闭的工作方案，对全市非煤矿山，重点是地下非煤矿山，开展为期3个月的严厉打击非法违法开采实施整顿关闭活动，其中，对达不到湘政办发〔2013〕18号文件规定规模的矿山或不具备安全生产条件的矿山，一律暂扣有关证照，停产整顿。各县（市、区）政府要切实加强领导，落实责任，细化措施，严格标准，确保整顿工作取得实效，经整顿后仍达不到要求的，一律关闭。

（4）溆浦县要立即对所有矿山企业进行全面排查，对达不到湘政办发〔2013〕18号文件规定开采规模的地下矿山以及不具备安全生产条件的其他矿山一律关闭。对决定关闭的矿山，要及时拆除供电、供水、通风、提升、运输等直接用于生产的设施和设备，地下矿山要拉倒井架，炸毁或填实矿井井筒。要建立定期巡查机制，严防死灰复燃。同时，要组织有关部门研究进一步加强矿山安全生产的长效机制，转变工作方式，改进工作方法，切实加强监管。

（5）严格落实企业主体责任。全市各非煤矿山企业，要牢固树立依法办矿意识，严格按照《采矿许可证》许可矿种和批准范围依法依规从事开采活动，严禁超层越界开采和超出许可范围开采其他矿种。同时，要全面落实生产经营单位安全生产主体责任，建立健全本单位安全生产责任制，组织制定并严格执行安全生产管理制度和安全操作规程，依法设置安全生产管理机构并配备安全生产管理人员，落实本单位技术管理机构的安全职能并配备安全技术人员，保证安全生产投入的有效实施，组织开展安全生产教育培训工作，依法开展安全生产标准化建设和班组安全建设工作，及时消除生产安全事故隐患，坚决防止重大事故发生。

（6）创新监管方式，建立安全生产长效机制。有关部门要创新监管方式，提高监管实效，认真履行矿产资源监督管理职责，进一步加大对矿山开采秩序的整顿力度，国土资源、发展改革、安监、环保、工商等部门要严格依法行政，全面规范矿产资源监督管理行政行为。要依照有关法律法规，对矿产资源开发管理中的探矿权和采矿权审批、项目核准、生产许可、安全许可、环评审查、企业设立等各项管理行为进行一次全面清理检查。要尽快研究制定更加严格的地下矿山安全标准，提高准入门槛。要建立健全严厉打击无证、超层越界开采等开采国家矿产资源行为的部门联动工作机制，始终保持高压态势，开展联合执法，严厉打击非法开采行为。

一案五问一改变

1. 我对该事故的最深感触是什么？

2. 如果该事故中暴露的问题就出现在我身边，我该怎么办？

3. 如果该事故就发生在我身上，我的亲人和朋友会如何？

4. 我从该事故中汲取了什么教训？

5. 学习事故案例后我最想对同事和亲人说什么？

为避免同类事故，在今后的工作中我将做出以下改变：

陕西省铜川市耀州区照金矿业有限公司 "4·25" 重大水害事故案例[①]

2016 年 4 月 25 日 8 时 05 分，陕西省铜川市耀州区照金矿业有限公司（以下简称"照金煤矿"）发生重大水害事故，造成 11 人死亡，直接经济损失 1838.17 万元。

一、事故经过

2016 年 4 月 24 日 22 时，综采队副队长党某盈主持召开了零点班班前会，指出 ZF202 工作面 8 号支架前有淋水、20 号支架顶部破碎，要求采煤机割煤时注意跟机拉架，防止架前漏顶漏矸，全力配合，共渡难关。跟班副队长谭某峰强调工作面 21 号支架被压还未拉出，要全员配合，加强支架检修，加快工作面推进速度，尽快通过当前不利的开采条件。会后，副队长谭某峰和班长钟某平带领工人入井。综采队零点班出勤 35 人，其中跟班副队长 1 人、班长 1 人、采煤机司机 3 人、清煤工 6 人、支架工 4 人、超前支护工 4 人、上隅角维护工 2 人、转载机司机 1 人、乳化泵站司机 1 人、检修工 1 人、皮带机司机 2 人、回风顺槽起底工 5 人、排水工 3 人、电钳工 1 人。25 日零时左右，当班工人陆续到达 ZF202 工作面各自工作地点，开始工作。副矿长刘某为零点班带班矿领导，25 日零时左右随工人入井后，先后到达一采区 104 掘进巷、ZF203 备用工作面回顺、二采区轨道下山检查安全工作，3 时左右来到 ZF202 工作面。当时工作面正在移架，8~21 号支架处压力大，6~8 号支架间顶板有淋水，刘某检查了工作面安全情况后，工作面开始割煤。7 时左右，刘某去工作面运输机头处查看。4 月 25 日八点班综采队出勤 32 人，由副队长党某盈和副班长任某进带领，于 7 时

① 资料来源：白水县人民政府. 2016 年 4 月 25 日铜川市耀州区照金矿业有限公司重大水害事故警示信息. （2016 - 05 - 16）［2023 - 06 - 21］. http：//www. baishui. gov. cn/gk/gk25/gk2502/54333. html.

10 分左右陆续入井。7 时 20 分，副班长任某进与电工潘某、支架工詹某顺和安检员冯某林等 4 人入井，乘坐第一趟人车到达二采区（其余人员事故发生时还未到达工作面）。任某进入 ZF201 工作面水仓查看排水情况，安检员冯某林、电工潘某和支架工詹某顺进入 ZF202 工作面准备交接班。8 时许，正在工作面 10 号支架处清煤的工人王某红发现 7~9 号架架间淋水突然增大，水色发浑，立即跑到工作面刮板运输机机头处报告带班副矿长刘某，随后撤离工作面。刘某接报后通过工作面声光信号装置发出"快撤"指令，随即和排水工李某奇从工作面机头向运顺撤出；副班长胡某民、支架工乔某琳等 25 人向工作面机尾方向经回顺撤出。在撤离过程中，听到巨大的声响，并伴有强大的气流，看到巷道中雾气弥漫。刘某到液压泵站向调度室作了汇报，并派当班瓦检员张某荣去运顺查看情况，发现运顺巷道最低点（距运顺口 80 m）已积满了水。随后，刘某与刚刚到达的八点班跟班副队长党某盈清点了人数，发现 11 人未撤出。

2016 年 4 月 25 日 8 时 5 分，陕西省铜川市耀州区照金矿业有限公司 202 综采放顶煤工作面发生一起透水事故，淹没工作面及部分运输和回风巷道，造成 2 人遇难、9 人被困。照金矿业公司为民营股份制企业，属于证照齐全的生产矿井，核定生产能力 180 万 t/a。经初步分析，该公司 202 综采放顶煤工作面回采过程中，煤层顶板上覆洛河组砂岩含水层随直接顶冒落形成离层水体，因顶板周期来压形成导水通道，离层水溃入工作面，造成作业人员被困。

二、事故原因

（一）直接原因

受采动影响，ZF202 工作面上覆岩层间离层空腔及积水量不断增加，形成了泥沙流体；在工作面出现透水征兆后，继续冒险作业，引发工作面煤壁切顶冒落导通泥沙流体，导致事故发生。

（二）间接原因

1. 对水害危险认识不足、重视不够

（1）矿井在 2013 年 7 月、2014 年 12 月、2015 年 8 月先后三次发生透水，没有造成人员伤亡，未引起企业管理人员和职工的重视，未进行认真总结分析，未采取有效勘探技术手段，查明煤层上覆岩层含水层的充水性，制定可靠的防治水方案。

（2）该矿《矿井水文地质类型划分报告》指出矿井构造主要为宽缓的向斜，要对构造区富水性和导水性进行探查，同时对上下含水层水力联系探查，以确定矿井主要涌水水源。煤矿并未引起重视，在 ZF202 工作面回采前，没有进行水文地质探查，对洛河组砂岩含水层水的危害认知不清，未能发现顶板岩层古河床

相地质异常区。

（3）现场作业和相关管理人员安全意识差，水害防范意识薄弱，透水征兆辨识能力不强。ZF202工作面从4月20日零点班开始，工作面周期来压，30～70架压力大，37～45架前梁有水，煤帮出水，随后几天，各班虽强调注意安全，加强排水，但仍继续组织生产，并未采取安全有效措施处理隐患。

2. 防治水管理不到位

（1）矿井防治水队伍管理不规范，配备5名探放水工分散在采掘区队；探放水工作由地测科组织实施，采掘区队配合，在施工过程中对钻孔位置、角度、深度无人监督，措施落实不到位。

（2）探放水措施落实不到位，ZF202工作面两顺槽施工的探水钻孔间距、垂深不符合要求。探放水措施流于形式，钻孔施工不规范，2016年以来ZF202工作面推进长度约320 m，仅在运输、回风顺槽各施工了两个探水钻孔，倾角为15°和36°、斜长为35 m和43 m；在工作面频繁出现淋水、压架等现象时，仍未采取有效的探放水措施。

（3）ZF202工作面回采地质说明书未将上覆洛河组砂岩含水层作为主要灾害防范对象，未编制专门的探放水设计，只制定了顶板探放水安全技术措施，且未进行会审，钻孔设计不能探到洛河组砂岩含水层，也未达到回采地质说明书规定的垂深。探放水措施存在漏洞，探水点间距和钻孔倾角、终孔位置设计不合理，每隔100 m布置一个探水点，且钻孔倾角为30°、斜长40 m，既达不到疏放洛河组砂岩含水层水的目的，也未达到《ZF202回采地质说明书》规定的垂深60 m的要求。

3. 安全教育培训和应急演练不到位

应急救援培训针对性不强，管理人员和职工对透水预兆认识不清，自保互保意识不强；未开展水害事故专项应急演练工作，管理人员和职工在透水发生时应急处置能力差，出现透水预兆后，不及时撤人，继续违章冒险作业。

4. 地方政府及煤矿安全监管部门监督管理有漏洞

（1）耀州区煤炭管理局对相关工作人员履职情况监管不力；对照金煤矿安全生产检查不到位，未发现探放水设备缺陷、ZF202工作面防治水漏洞及水害异常情况；监督照金煤矿整改安全隐患、开展应急救援培训和演练工作不力；对照金煤矿复产复工验收工作组织不力、把关不严、检查不规范。

（2）耀州区政府对耀州区煤炭局在煤矿安全生产监管中存在的问题失察，履行安全监管责任督促不到位。

（3）铜川市煤炭工业局对下属事业单位煤炭安全执法大队履职情况监督不

力；对耀州区煤炭局履职情况指导不力；对照金煤矿安全生产监管履职不到位、水害隐患整改落实情况监督不到位；对照金煤矿复产复工验收抽查把关不严、检查不全面。

三、防范措施

（1）严格落实煤矿防治水各项措施。各煤矿企业要高度重视水害防治工作。一是严格按照《煤矿防治水规定》（国家安全监管总局令第28号）等要求，扎实开展煤矿防治水工作，切实做到"预测预报、有疑必探，先探后掘、先治后采"。二是严格按照"物探先行、钻探补充"原则开展探放水工作，开采受顶板水威胁的煤层，要采取综合技术手段加强对隐伏构造的探查工作。同时，加强受顶板离层水、老空水威胁，提高回采上限以及水文地质条件复杂区域采掘工作面的防治水工作。三是加强矿井水文地质基础工作。建立完善煤矿防治水安全责任体系，配备专业技术人员、专用探放水设备、专门探放水作业队伍，加强对工作面顶板"三带"发育的观测，加强煤矿防治水安全培训和警示教育，提高职工防治水工作技能，增强防范水害事故的能力。四是提高水害应急处置能力。井下发现透水征兆，必须停止作业、撤出人员，采取针对性措施，隐患未消除、不得恢复作业。五是加强汛期煤矿安全生产工作。加强雨季"三防"工作，采取有效措施，严防暴雨、雷电、高温、台风等极端恶劣天气对煤矿安全生产工作的影响，制定暴雨洪水期间煤矿停产撤人的预防措施。

（2）认真组织开展煤矿水害专项监察。各级煤矿安全监察机构要结合辖区煤矿实际，坚持问题导向，严格落实《关于印发2016年7项专项监察方案的通知》（煤安监监察〔2016〕7号）有关要求，认真组织开展好煤矿水害防治专项监察。一是把水文地质类型复杂、极复杂矿井，资源整合矿井和近3年来发生过水害事故的矿井作为监察重点，对不落实防治水规定、不落实安全技术措施的矿井，依法进行严厉查处；对存在重大事故隐患的矿井，要坚决责令停产整顿。二是对存在水文地质条件不清、矿井及周边老空水不明、无专门防治水机构、专业技术人员和探放水装备等问题的煤矿，要坚决依法依规严肃处理。三是专项监察结束后，要及时总结分析，并向有关地方人民政府提出监察建议。

（3）严肃查处煤矿生产安全事故。认真组织开展煤矿生产安全事故的调查处理工作，依法严肃追究生产安全事故责任。重点追查非法、违法生产建设造成事故的责任；重点追查借复产复工验收问题整改之名进行生产造成事故的责任。煤矿主要负责人未依法履行安全生产管理职责，发生死亡1人及以上责任事故的，依据《安全生产法》有关规定，要给予撤职处分。对违章作业造成死亡1

人及以上或者重伤 3 人以上，或者造成直接经济损失 100 万元以上事故的直接责任人，要移送司法机关，依据《中华人民共和国刑法》的有关规定追究刑事责任。各煤矿企业要加大对重伤事故和违章作业行为的查处力度，对重伤事故及违章作业人员依法依规严肃处理，切实用事故教训推动煤矿安全生产工作。

一案五问一改变

1. 我对该事故的最深感触是什么？

2. 如果该事故中暴露的问题就出现在我身边，我该怎么办？

3. 如果该事故就发生在我身上，我的亲人和朋友会如何？

4. 我从该事故中汲取了什么教训？

5. 学习事故案例后我最想对同事和亲人说什么？

为避免同类事故，在今后的工作中我将做出以下改变：

陕西省商洛市镇安县黄金矿业有限责任公司 "4·30"特别重大尾矿库溃坝伤亡事故案例[①]

2006 年 4 月 30 日 18 时 24 分，镇安县黄金矿业有限责任公司在组织进行尾矿库加坝扩容施工时发生溃坝，约 1×10^5 m³ 尾矿渣下泄，部分下泄的尾矿渣及污水流入米粮河，造成 15 人死亡、2 人失踪、5 人受伤、76 间房屋毁坏的特别重大尾矿库溃坝伤亡事故。

一、事故经过

2006 年 4 月 30 日下午，镇安县黄金矿业有限责任公司（以下简称镇安黄金矿业公司）组织 1 台推土机和一台自卸汽车及 4 名作业人员在尾矿库进行加坝扩容施工作业。18 时 24 分左右，在第四期坝体外坡，坝面出现蠕动变形，并向坝外移动，随后产生剪切破坏，沿剪切口有泥浆喷出，瞬间发生溃坝，形成泥石流，冲向坝下游的左山坡，然后转向右侧，约 1×10^5 m³ 尾矿渣下泄到距坝脚约 200 m 处，其中绝大部分尾矿渣滞留在坝脚下方的 200 m×70 m 范围内，少部分尾矿渣及污水流入米粮河。正在施工的 1 台推土机和 1 台自卸汽车及 4 名作业人员随溃流的尾矿渣滑下。下泄的尾矿渣将 9 户村民、76 间房屋毁坏淹没，造成 15 人死亡，2 人失踪，5 人受伤。

二、事故原因

（一）直接原因

镇安黄金矿业公司在尾矿库坝体达到最终设计坝高后，未进行安全论证和正规设计，而擅自进行三次加坝扩容，形成了实际坝高 50 m、下游坡比为 1：1.5

---

① 资料来源：晋中市应急管理局. 陕西省商洛市镇安县黄金矿业有限责任公司 "4·30" 尾矿库特大溃坝伤亡事故. (2018－08－17) ［2023－06－21］. https：//yjglj. sxjz. gov. cn/fmjg/content_241949.

的临界危险状态的坝体。更为严重的是在 2006 年 4 月，该公司未进行安全论证、环境影响评价和正规设计，又违规组织实施尾矿库第四次加坝扩容工程，致使坝体下滑力大于极限抗滑强度，导致坝体失稳，发生溃坝事故。

（二）间接原因

经分析认定，造成此次特别重大尾矿库溃坝伤亡事故的间接原因有以下两点。

（1）西安有色冶金设计研究院矿山分院工程师王某军私自为镇安黄金矿业公司提供了不符合工程建设强制性标准和行业技术规范的增容加坝设计图，传真给该公司，对该公司组织实施第四次加坝扩容起到误导作用，是造成事故的主要原因。

（2）陕西旭田安全技术服务有限公司没有针对镇安黄金矿业公司尾矿库实际坝高已经超过设计坝高和企业擅自三次加坝扩容而使该尾矿库已成危库的实际状况作出符合现状的、正确的安全评价。评价报告的内容与尾矿库实际现状不符，作出该尾矿库属运行正常库的结论错误，对继续使用危库和组织实施第四次加坝扩容起到误导作用，是造成事故的主要原因。

三、责任追究

经事故调查认定，本次事故是一起企业严重违反尾矿库建设程序和技术标准，先后 3 次擅自加坝进行扩容，生产中违规放矿，致使干滩长度和安全超高不符合安全规定，违规在危坝上实施第四次加坝扩容时造成溃坝的特大安全生产责任事故，依规依纪依法对 28 名相关责任人员进行追责问责。其中，镇安黄金矿业公司董事长兼总经理、选矿车间主任、西安有色冶金设计研究院矿山分院工程师等 3 人被依法追究刑事责任。镇安黄金矿业公司副总经理、总工程师镇安县政协主席、镇安县发展计划局副局长、镇安县经贸局工会主席等 6 人被给予党纪政纪处分。陕西旭田安全技术服务有限公司总经理（系空军兰州技术训练大队现役副营职参谋）、副总经理（系省劳动保障厅原矿山安全监察处 1997 年退休干部）、总工程师（系西安建筑科技大学 2002 年退休教授）等 3 人被给予行政处分，并吊销其安全评价人员任职资格证。镇安县原县长（现任商州区区委书记）、副县长、县安全监管局局长、副局长、监察股股长、县经济贸易局局长、副局长、安全生产管理股股长、县国土资源局局长、副局长、米粮镇党委书记（原米粮镇镇长）、副镇长等 12 人被给予党纪政纪处分。商洛市安全监管局局长、副局长、矿山管理科负责人、矿山管理科工作人员、安全监管局法规信息处处长、主任科员、监管一处副处长、应急救援处处长等 4 人被给予党纪政纪处分或予以诫勉督导。

镇安县县委，县政府向商洛市市委、市政府写出书面检查；商洛市人民政府向省人民政府写出书面检查。

四、防范措施

（1）要尽快完成镇安黄金矿业公司尾矿库闭库工作。镇安县人民政府要在事故抢险救援等项工程结束后，督促镇安黄金矿业公司按照国家有关规定，尽快完成事故尾矿库的闭库工作，做好闭库报告的申请、审批、备案和尾矿库闭库后的安全管理工作；镇安黄金矿业公司在尾矿库闭库完成后，若恢复生产，应严格遵守国家有关规定，另选新址重新建库；同时在重新建设尾矿库过程中，要严格执行国家建设项目安全"三同时"规定要求。

（2）要认真汲取事故教训，落实企业主体责任，提高企业本质安全水平。全省各非煤矿山企业都要严格遵守《中华人民共和国安全生产法》《陕西省安全生产条例》《安全生产许可证条例》和《尾矿库安全监督管理规定》等国家法律法规和有关规定的要求，切实加强尾矿库安全生产管理，组织建立、健全尾矿库安全生产责任制，制定完备的安全生产规章制度和操作规程，完善安全生产条件，确保安全生产。在尾矿库的勘察、设计、安全评价、施工及施工监理中，要严格按照国家有关规定做好"三同时"工作。

（3）要切实采取有效措施，加大非煤矿山风险隐患整改力度。各市区人民政府要认真组织开展非煤矿山风险隐患排查工作，对排查出的风险隐患登记建档，落实整改责任制。特别是针对非煤矿山企业及尾矿库存在的重特大事故隐患，把整改责任落实到市、县政府主要领导和分管领导，采取切实可行和得力的措施，限期整改到位。

（4）要认真开展非煤矿山安全专项整治工作。商洛市和镇安县人民政府要认真汲取事故血的教训，举一反三，针对非煤矿山企业安全生产工作的实际情况，研究制定出有针对性、可操作性专项整治工作方案；要依照属地分级监管原则，进一步完善非煤矿山尾矿库的安全监管责任制，细化落实企业、主管部门、监管部门和各级政府对尾矿库的管理和监管责任。各级安全监管部门要切实加强非煤矿山及尾矿库的安全监管工作。要建立非煤矿山安全生产监管工作联席会议制度，定期召开会议，研究解决实际存在的突出问题，要进一步规范非煤矿山企业开采秩序，全面消除事故隐患，确保企业安全生产和人民群众生命财产安全。

（5）要切实加强对安全评价机构的安全监管工作。全省各安全评价机构要严格遵守国家有关安全评价机构管理规定要求，加强内部管理，配齐必要的技术人员，配备必要的监测检验设备，提高评价硬件水平；安全评价机构在接受企业委托组织进行项目评价时，要严格按照国家有关规定，对评价项目作出科学的、符合实际的评价结论，并对评价结论承担法律责任。各有关安全评价机构审批机关要遵守国家有关规定，严格进行安全评价机构的资格审查，严把市场准入关。

一案五问一改变

1. 我对该事故的最深感触是什么？

2. 如果该事故中暴露的问题就出现在我身边，我该怎么办？

3. 如果该事故就发生在我身上，我的亲人和朋友会如何？

4. 我从该事故中汲取了什么教训？

5. 学习事故案例后我最想对同事和亲人说什么？

为避免同类事故，在今后的工作中我将做出以下改变：

5 月

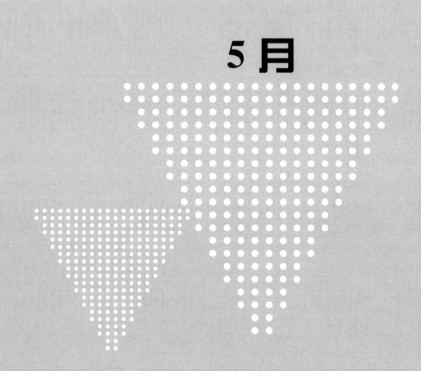

山东省济南市章丘埠东粘土矿
"5·23"重大透水事故案例①

2013 年 5 月 23 日 8 时 20 分,济南市章丘埠东粘土矿发生重大透水事故,造成 9 人死亡,1 人失踪,直接经济损失 1046.5 万元。

一、事故经过

经调查核实,2013 年 5 月 23 日,埠东粘土矿早班当班下井人员为 48 人,其中,管理人员 3 人,四层煤东平巷及下山平巷 14 名工人,四层煤西平巷 9 名工人,三层煤 22 名工人。8 时 20 分左右,四层煤 −5 m 水平东平巷工作面 4 名工人正在非法盗采煤炭时,突然发生透水,水流迅速淹没该工作面,进入 −5 m 东平巷、西平巷、下山集中巷及其 3 条水平巷道,现场勘查痕迹最高水位约 1.7 m,距巷道顶部约 0.2 m。约 11 时,透水点水量迅速衰减,水从多处泄入深部老空区,东、西平巷已基本不见明水。11 时 30 分,东平巷下山集中巷积水基本流干,此时突水点剩余动水量 50 ~60 m³/h,综合分析估算,本次总透水量约 5000 ~6000 m³,透水瞬间最大透水量达到 2000 ~3000 m³/h。

事故发生后,企业负责人杨某建没有按有关规定上报,为隐瞒非法盗采煤炭和发生事故的事实,私自组织矿上人员排水施救,至 23 日下午 15 时,发现 9 具尸体,另有 1 人失踪。同时,私下组织人员转移、藏匿遇难人员尸体,并联系遇难及失踪人员家属协商赔偿和火化事宜,以达到封口目的。

二、事故原因

(一)直接原因

---

① 资料来源:国家能源局山东监管办公室 . 章丘埠东粘土矿 "5·23" 重大透水事故调查报告 . (2014 −05 −30) [2023 −06 −21]. http://www.cnea.gov.cn/ztzl/aqsczt/content_4858.

埠东粘土矿无视法律法规，在批复的粘土矿区域外，有目标、有目的地组织人员对粘土矿斜井进行掘进延伸，非法盗采已关闭的原埠村镇一号煤矿残留煤柱，并在F16断层和原埠村镇一号煤矿老空区附近，进行非法盗采活动，导致老空区积水溃入工作面，是透水事故发生的直接原因。

（二）间接原因

（1）章丘市埠村街道办事处安全生产属地监管责任落实不到位。未按照《国务院关于预防煤矿生产安全事故的特别规定》（国务院第446号令）要求，及时发现所辖区域内非法盗采煤炭行为，并采取有效制止措施；到埠东粘土矿开展安全检查流于形式，多次检查都没有发现非法盗采煤炭问题。

（2）章丘市地矿局对矿产资源监督管理责任落实不到位。未按照法律法规要求加大对非法采矿打击力度，对辖区内非法盗采煤炭资源问题监督检查不力，对埠东粘土矿长期非法盗采煤炭问题失察；对章丘市安监局《关于对非法开采煤炭粘土矿依法查办的转办函》，未引起足够重视，派员检查时未发现非法盗采煤炭问题；采矿许可证年检工作流于形式，对埠东粘土矿开展年检时未按照规定到现场进行检查。

（3）章丘市安监局对非煤矿山安全生产监督管理责任落实不到位。对埠东粘土矿的监督检查流于形式；发现埠东粘土矿非法盗采煤炭行为后，仅以《关于对非法开采煤炭粘土矿依法查办的转办函》移交章丘市地矿局查处，没有暂扣《安全生产许可证》。

（4）章丘市政府对"打非治违"重视程度不够，态度不坚决，工作不落实，对埠东粘土矿长期存在的非法生产经营行为失察，对地矿、安监等部门履行监管职责督促检查不够。

（5）济南市国土资源局所聘用的矿产督查员监管责任落实不到位，工作流于形式，多次现场检查都没有发现企业长期非法盗采煤炭行为。

三、责任追究

经事故调查认定，本次事故是一起由于非法盗采煤炭导致的生产安全责任事故，依规依纪依法对19名相关责任人员进行追责问责。其中，埠东粘土矿矿长、法人代表和分管安全副矿长等2人，因涉嫌非法采矿、重大劳动安全事故罪，被章丘市人民检察院批准逮捕。分管技术副矿长和分管生产副矿长等2人，因涉嫌非法采矿罪，被章丘市公安局决定取保候审。对章丘市地矿局矿管科副科长、埠村街道办事处经贸委主任、埠村街道办事处安监所所长等3人由司法机关追究其刑事责任。对章丘市委副书记、市政府市长，委常委、市政府副市长，市安监局局长，市安监局副局长，市安监局非煤矿山安监科科长，市安监局非煤矿山安监科副科长，市地矿局局长，市地矿局副局长，市地矿局矿管科科长兼执法大队大队长，埠村街道办事处党工委书记，埠村街道办事处主任，埠村街道办事处纪工委书记等12人给予党政纪处分及组织处理。对山东省建筑材料工业研究院矿山所副所长，济南市国土资源局聘用矿产督查员，由济南市国土资源局解除聘用，按照干部管理权限由有关部门追究其相应责任。对埠东粘土矿依法予以关闭，章丘市有关部门依法吊销有关证照，由济南市安监局对埠东粘土矿处200万元的罚款。由济南市安监局就瞒报事故情形，对埠东粘土矿处200万元的罚款。由济南市安监局依法没收埠东粘土矿非法所得2000万元，并对其处以非法所得5倍罚款。责成章丘市政府向济南市政府作出深刻检查。

四、防范措施

针对事故暴露出的问题，为认真吸取事故教训，严格落实企业安全生产主体责任和地方政府及有关部门监管责任，举一反三，严防类似事故的再次发生，提出以下防范措施和建议。

（1）深刻吸取事故教训，切实提高思想认识。认真学习习近平总书记关于做好安全生产工作的重要指示，发展决不能以牺牲人的生命为代价，这必须作为一条不可逾越的红线。各级政府、各有关部门要认真学习、深刻领会、坚决贯彻落实习近平总书记的重要指示精神，始终把人民生命安全放在首位，牢固树立安全发展理念，不断增强做好安全生产工作的责任意识和红线意识，切实加强领导，落实责任，细化措施，狠抓落实，有效防范和坚决遏制重特大生产安全事故发生。

（2）在全省深入开展安全生产大检查。各级各部门要按照《山东省人民政府办公厅关于集中开展安全生产大检查的通知》要求，切实加强对大检查工作的领导，成立领导小组，制定周密方案，精心组织实施。要突出重点场所、要害部位和关键环节认真严格检查，排查出的隐患、问题要制表列出清单，建立台账，制订整改方案，落实整改措施、责任、资金、时限和预案；要组织督查组，全过程进行全面检查、督查；要采取明察暗访、突击检查、回头检查、交叉检查、专家参与检查等多种方式，确保工作实、措施严、效果好；要坚持"严"字当头、敢抓敢管、对隐患和问题"零容忍"，切实做到不留死角、不留盲区、不走过场。非煤矿山安全生产大检查要做到企业自查自纠全覆盖，市、县（市、区）安全检查全覆盖，地下矿山诊断式安全检查全覆盖，省、市安全督查全覆盖。

（3）严厉打击非煤矿山非法违法开采，实施整顿关闭活动。省安监局、国土资源厅、公安厅、山东电监办等部门要制定严厉打击非煤矿山非法违法开采实施整顿关闭的工作方案，对全省 297 家地下矿山、2789 家露天矿山，重点是地下非煤矿山，开展为期 3 个月的严厉打击非法违法开采实施整顿关闭活动，其中，对达不到鲁政办发〔2011〕67 号文件规定规模的 158 家地下矿山或不具备安全生产条件的矿山，一律暂扣有关证照，停产整顿。各市政府要切实加强领导，落实责任，细化措施，严格标准，确保整顿工作取得实效，经整顿后仍达不到要求的，一律关闭。

（4）济南市及章丘市要立即对所有矿山企业进行全面排查，对达不到鲁政办发〔2011〕67 号文件规定开采规模的 27 家地下矿山以及不具备安全生产条件的其他矿山一律关闭。对决定关闭的矿山，要及时拆除供电、供水、通风、提升、运输等直接用于生产的设施和设备，地下矿山要拉倒井架，炸毁或填实矿井井筒。济南市和章丘市要做好社会稳定等相关工作。要建立定期巡查机制，严防死灰复燃。同时，要组织有关部门研究进一步加强矿山安全生产的长效机制，转变工作方式，改进工作方法，切实加强监管。

（5）严格落实企业主体责任。全省各非煤矿山企业，要牢固树立依法办矿意识，严格按照《采矿许可证》许可矿种和批准范围依法依规从事开采活动，严禁超层越界开采和超出许可范围盗采其他矿种。同时，要全面落实《山东省生产经营单位安全生产主体责任规定》（省长令第 260 号），建立健全本单位安全生产责任制，组织制定并严格执行安全生产管理制度和安全操作规程，依法设置安全生产管理机构并配备安全生产管理人员，落实本单位技术管理机构的安全职能并配备安全技术人员，保证安全生产投入的有效实施，组织开展安全生产教育培训工作，依法开展安全生产标准化建设和班组安全建设工作，及时消除生产安全事故隐患，坚决防止重大事故发生。

（6）创新监管方式，建立安全生产长效机制。有关部门要创新监管方式，提高监管实效，认真履行矿产资源监督管理职责，进一步加大对矿山开采秩序的整顿力度，国土资源、发展改革、安监、环保、工商等部门要严格依法行政，全面规范矿产资源监督管理行政行为。要依照有关法律法规，对矿产资源开发管理中的探矿权和采矿权审批、项目核准、生产许可、安全许可、环评审查、企业设立等各项管理行为进行一次全面清理检查。要尽快研究制定更加严格的地下矿山安全标准，提高准入门槛。要建立健全严厉打击无证、超层越界开采等盗采国家矿产资源行为的部门联动工作机制，始终保持高压态势，开展联合执法，严厉打击非法开采行为。

 一案五问一改变

1. 我对该事故的最深感触是什么？

2. 如果该事故中暴露的问题就出现在我身边，我该怎么办？

3. 如果该事故就发生在我身上，我的亲人和朋友会如何？

4. 我从该事故中汲取了什么教训？

5. 学习事故案例后我最想对同事和亲人说什么？

为避免同类事故，在今后的工作中我将做出以下改变：

湖南瑶岗仙矿业有限责任公司
"5·30" 坍塌事故案例①

2016年5月30日10时，湖南瑶岗仙矿业有限责任公司24中段501支8五采区4号溜矿井发生一起坍塌事故，导致1人死亡，直接经济损失86.6万元。

一、事故经过

因事故当班作业地点位于24中段501支8四采区14号放矿漏斗口做水泥漏斗，事故地点位于24中段501支8五采区4号放矿漏斗口，事故现场无目击证人，事故发生时间、经过根据现场勘察情况和询问笔录进行推定。

5月30日早晨不到8时，服务公司承包人（班长）喻某华、谷某祥等8人在21中段平硐口集合，喻某华安排工作，2个装模，1个扎钢筋，5个倒混凝土，谷某祥被安排倒混凝土（倒混凝土包括水泥、河沙，碎石搅拌），8时8个人一起从21中段平硐进班，8时40分到达作业地点，9时左右，从地面运进的水泥需要河沙和碎石按比例进行搅拌，按前几天的作业程序，谷某祥告知班长喻某华，他到附近的24中段501支8五采区去就地取材找点碎石和河沙，喻某华要求谷某祥要注意安全，其余7人则继续在14号漏斗口作业，10时左右，谢某民从501支8四采区作业地点出来背木板装模，突然听到谷某祥在24中段501支8五采区4号溜矿斗口内大声喊"救命"，谢某民迅速进去叫喻某华等一起来到24中段501支8五采4号放矿漏斗口，当时整个放矿漏斗口已垮满废石，看不到谷某祥，只是听到谷某祥大声喊"救命"，喻某华问谷某祥上面碎石多不多，谷某祥说"不多，我动不了，卡住了"，喻某华立即安排欧阳某走路去邻近

① 资料来源：郴州市应急管理局. 湖南瑶岗仙矿业有限责任公司"5·30"坍塌事故调查报告. (2017－08－09）[2023－06－26]. http：//yjglj. czs. gov. cn/yjjy/content_2878788. html.

采场叫人，其余人员则迅速清碴救援，10 时 10 分左右，正在邻近采场的区长柏某斌和副区长等 8 人得知消息后来到事故现场参与救援，喻某华立即安排刚来参加救援的另一员工走路到地面向工区值班领导汇报。

二、事故原因

（一）直接原因

作业人员谷某祥安全意识淡薄，违章擅自进入已废弃的五采场采空区 4 号溜矿斗口内私自搬动废石，因采空区堆积的废石突然失稳坍塌，一同冒落的废石将谷某祥卡在放矿漏斗口内，因抢救无效造成人员死亡。

（二）间接原因

1. 现场安全管理缺位，出现以包代管现象

（1）存在以包代管的现象。承包单位"润民劳动服务公司"未按《非煤矿山外包工程安全管理暂行办法（国家局第 62 号令）》第二十三条领导带班下井的规定，未开展井下隐患排查工作，安全管理制度不健全、安全操作规程不完善。瑶岗仙矿业公司安全生产管理工作方面有漏洞，存在以包代管的现象。

（2）安全生产责任落实不力。事故班当班安全员在地面领材料，造成井下无专职安全员上岗，井下安全管理失控。

（3）现场安全管理混乱。作业前当班管理人员未执行现场安全确认制度，未对施工地点进行安全确认，未全面检查作业地点的安全情况，未安排安全监管人员同行，默认作业人员独自进入危险的采空区取运石料。

（4）事故区域采空区管理混乱。井下废弃的巷道未按《金属非金属矿山安全规程》规定设置密闭或栅栏，停采的采场采空区未按《金属非金属矿山安全规程》规定设警示标识，未采取有效的措施防止人员误入上述危险区域。

（5）事故工区（六工区）主要负责人安全监管职责不明，未执行《瑶岗仙矿业有限责任公司经济责任制》有关规定，未对事故作业区域实施有效的安全管理。

2. 公司对外包队伍资质审查失控，对井下外包工程监管不严

（1）将井下工程承包给不具备资质的施工单位，且存在层层转包的现象。生产部将 24 中段 501 支 8 四采区漏斗浇制工程项目计划下发给无非矿山井下施工资质的润民劳动服务公司。随后润民劳动服务公司又将上述工程转包给喻某华个人（喻某华未经过安全生产教育和培训，未取得安全生产合格证）。

（2）对井下外包工程实行包工包料，疏于安全生产过程管理。生产部门对井下外包工程实行包工包料，注重井下外包工程施工进度和质量，而疏于安全生产过程管理，放任外包工程施工人员井下现场就地取材（砂石等材料），放任现

场施工人员冒险进入废弃采空区回收砂石材料。

（3）对井下外包工程安全监管存在空档。润民劳动服务公司主要负责人未下井跟班管理，外包工程区域的工区主要负责人未履行公司经济责任制明确规定的安全监管职责，矿安环部只配备了一名副部长、三名下井安检员，监管力量不足管理不过来，造成井下外包工程安全监管存在空档。

3. 安全教育培训不到位，职工安全生产素质差

（1）现场作业人员未按规定进行安全培训，安全意识淡薄、安全生产技能差、冒险作业。

（2）现场安全员未经培训考核合格。润民劳动服务公司安全员喻祥未经过安全生产教育和培训，未经过安全生产监督管理部门考核合格。

（3）润民劳动服务公司、事故工区和部门安全管理人安全意识差。对事故区域废弃巷道和采空区存在安全隐患熟视无睹，对外包工程施工人员冒险作业视而不见。

三、责任追究

经认定，这是一起一般生产安全责任事故。谷某祥，安全意识淡薄，违章擅自进入已废弃的五采场采空区 4 号放矿漏斗口内私自回收废石，因采空区堆积的废石突然失稳坍塌引发事故，对本次事故负直接责任。因其在事故中死亡，免于追究责任。

润民劳动服务公司安全员、润民劳动服务公司党支部副书记、润民劳动服务公司经理、瑶岗仙矿业有限责任公司六工区副工区长、瑶岗仙矿业有限公司六工区工区长、瑶岗仙矿业有限公司六工区工区长等对此次事故负有重要责任，依法给予处分。

谭某福，湖南瑶岗仙矿业有限责任公司安环部副部长，分管现场安全监管工作。未严格落实安全生产责任制，对从业人员进行安全生产教育和培训不力，现场安全监管不力，未及时发现并消除生产安全事故隐患，工作失职，其行为违反了《中华人民共和国安全生产法》第二十二条、第二十五条、第四十一条的规定，对事故的发生负有领导责任。责成其向湖南瑶岗仙矿业有限责任公司作出深刻检讨。

湖南瑶岗仙矿业有限责任公司安环部安全监督管理不严，对安全员安全教育培训管理不规范，对事故当班未安排经培训考核合格的安全员上岗失察，对事故的发生负有一定的责任，责成其向公司作出深刻检讨。

湖南瑶岗仙矿业有限责任公司，对事故发生负有责任，根据《中华人民共和国安全生产法》第一百零九条的规定，建议由郴州市安全生产监督管理局依法给予 20 万元罚款的行政处罚。

四、防范措施

（1）强化安全生产主体责任的落实。一是认真落实企业安全生产主体责任，严格执行非煤矿山外包工程安全管理暂行办法（国家局第62号令）的相关规定，严禁出现以包代管的现象。二是严格落实矿领导和外包单位领导下井带班制度。三是严格开展现场安全确认工作，作业人员未经当班安全管理人员进行现场安全确认前不得作业。四是加大隐患排查整改力度，主要负责人要亲自组织，深入一线，实地检查，特别是要深入到安全生产重点场所、重点部位和重点环节进行检查，及时制止和纠正违章指挥、违反操作规程的行为，严防职工冒险作业。

（2）加强对外包队伍资质审查，强化对井下外包工程的现场安全管理。一是加强对审查承包单位的资格，确保承包单位的相应施工能力和安全管理水平。二是依据国家安监总局62号令的要求签订安全生产管理协议，明确企业与外包队伍的安全生产职责，强化对井下外包工程的现场安全管理。三是对外包队作业班组进行详细的书面安全技术交底。四是严格遵守《金属与非金属矿山安全规程》和操作规程的相关规定，严禁盲目施工。

（3）强化职工全员培训教育工作。一是加强对本单位从业人员的安全生产教育和培训，保证从业人员掌握必需的安全生产知识和操作技能。二是加强对安全员等特殊工种的培训工作，做到特殊工种持证上岗。三是加强对企业内部部门、单位以及外包队伍现场安全管理人员的安全生产教育和培训，全面提升现场安全管理人员的综合素质。

（4）加强安全管理机构建设，配齐配强安全监管力量。一是按《湖南省安全生产条例》第26条的规定配备专职安全生产管理人员，应有注册安全工程师从事安全生产管理工作。二是具有较大危险性的岗位或作业场所必须实行24小时安全监控，井下作业场所不得出现专职安全员空班漏检现象。三是完善企业内部安全管理机制，进一步理顺安全管理职责，依法强化对外包队的安全生产工作管理。

一案五问一改变

1. 我对该事故的最深感触是什么？

2. 如果该事故中暴露的问题就出现在我身边，我该怎么办？

3. 如果该事故就发生在我身上，我的亲人和朋友会如何？

4. 我从该事故中汲取了什么教训？

5. 学习事故案例后我最想对同事和亲人说什么？

为避免同类事故，在今后的工作中我将做出以下改变：

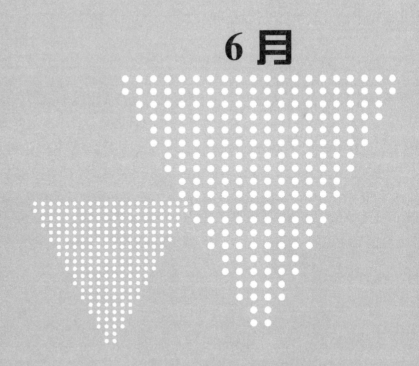

6月

山西省忻州市代县大红才矿业有限公司"6·10"重大透水事故案例[①]

2021年6月10日，山西省忻州市代县大红才矿业有限公司（以下简称"大红才铁矿"）发生重大透水事故，造成13人死亡，直接经济损失3935.95万元。

一、事故概况

大红才铁矿为民营企业，设计生产能力90万t/a，分为Ⅰ（35万t/a）、Ⅱ（25万t/a）、Ⅲ（30万t/a）三个独立采区。事故发生在Ⅰ采区，为基建矿井。大红才铁矿将Ⅰ采区生产建设转包给浙江苍南顺兴矿业有限公司、陕西耀杰建设集团有限公司和陕西弘德建筑工程有限公司3家单位，并委托山西震益工程建设监理有限公司负责工程监理。

二、事故原因

大红才铁矿违规开采主行洪沟下方保安矿柱，造成主行洪沟塌陷，降雨沿坍陷坑进入采空区，与1320 m水平未彻底治理的采空区积水相汇，积水量迅速增加，水压增大，突破违规在1310 m水平采矿作业与1320 m水平采空区之间的薄弱岩层，导致透水事故发生。

三、暴露问题

（一）有关企业主要问题

[①] 资料来源：国家矿山安全监察局. 山西省忻州市代县大红才矿业有限公司"6·10"重大透水事故案例.（2022－08－05）［2023－06－21］. https：//www. chinamine－safety. gov. cn/zfxxgk/fdzdgknr/sgcc/sgalks/202208/t20220805_419678. shtml.

1. 大红才矿业公司

安全生产管理组织机构不健全，矿区"五大员"形同虚设；未落实安全生产责任制、领导带班下井制度和探放水等制度；Ⅰ采区在采空区治理期间就开始基建和违法采矿，不按设计要求施工，擅自打开废弃封堵硐口，任意开掘采矿工作面以采代建；对Ⅰ采区1号硐和4号硐相邻矿山的井巷相互贯通、在突水威胁区域或可疑区域进行采掘作业未进行探放水、违规开采保安矿柱等重大事故隐患不治理、不报告；采空区抽排水不彻底；未向承包单位进行外包工程的技术交底，对承包单位的安全生产工作不检查、不管理、不统一协调指挥，5个工队交叉作业，未签订安全管理协议，未发现施工队层层转包并及时制止；随意调用Ⅱ采区火工品到Ⅰ采区使用；主要负责人未经培训合格上岗作业，从业人员未进行"三级"安全教育培训；未提取和使用安全费用，安全投入严重不足；安全生产操作规程不落实停留在纸面上；对事故应急救援预案不修订、不演练；n、m采区长期超能力生产；长期存在违法占用建设用地、耕地、林地、未利用地的行为，在Ⅰ采区界外设置斜1井、斜4井、亿安硐3个硐口；存在事故迟报行为。以上违法违规行为导致发生重大生产安全责任事故，负事故主要责任。

2. 苍南县顺兴矿业有限公司

不履行安全生产主体责任，对项目部疏于管理，致使项目部不具备安全生产条件；向不具备安全生产条件的个人出租资质证书；自然人卢某速将承包的基建和采矿工程违规发包层层转包给无资质人员；与其他4个同在Ⅰ采区内作业的工队没有互相签订安全生产管理协议；违规施工、违法采矿。以上违法违规行为导致发生重大生产安全责任事故，负事故主要责任。

3. 陕西弘德建筑工程有限公司

向不具备安全生产条件的个人出租资质证书，违规开采保安矿柱造成重大安全事故隐患，与其他4个同在Ⅰ采区内作业的工队没有互相签订安全生产管理协议。以上违法违规行为导致发生重大生产安全责任事故，负事故次要责任。

4. 陕西耀杰建设集团有限公司

向不具备安全生产条件的个人出租资质证书，未对所属项目部的安全管理进行安全生产教育培训与考核，未制定完备的安全生产规章制度和操作规程，未组织应急演练，未制定施工方案，未加强项目部现场作业安全管理，与其他4个同在Ⅰ采区内作业的工队没有互相签订安全生产管理协议。

5. 山西震益工程建设监理有限公司

未按《监理规范》"项目监理机构3.1.3"、《建设项目安全设施"三同时"监督管理办法》第十九条第一款规定和《建设工程安全管理条例》第十四条第一款、第二款、第三款规定对大红才公司Ⅰ采区基建工程进行监理，致使整个基建施工未按基建初步设计和安全设施设计要求施工。以上违法违规行为导致发生重大生产安全责任事故，负事故主要责任。

6. 忻州同力爆破工程有限公司

在Ⅰ采区进行爆破作业时，作业现场无安全人员在场专门值守；未按《民用爆炸物品安全管理条例》第三十七条第二项规定保存领取、发放民用爆炸物品的原始记录。

7. 山西瑞源矿业投资有限公司

DⅠ采区存在超能力生产，分别于 2019 年采矿 501131 t、2020 年采矿1077308 t、2021 年采矿 386587 t，共计采矿 1965026 t。核定产能 30 万 t/a，3年共计超能力生产 1065026 t。

8. 山西中条山工程设计研究有限公司

在 2018 年、2019 年两次参与大红才公司Ⅰ采区采空区综合治理工程设计工作时，对Ⅰ采区采空区调查工作开展不认真，治理设计等内容的编写工作不严不实等问题失管失察；未实地核查了解Ⅰ采区 1270 m 中段以上采空区的分布、范围、数量，在 2018 年、2019 年两次设计方案中轻易采信矿方提供的情况，草率出具了 "1270 中段以上采空区，矿方考虑存在安全隐患，已经采取崩落、封堵处理，现已封堵无法进入" 及 "1300 m 以上原有采空区，矿方已经于 2018 年底自行崩落治理完成" 与实际情况不符的结论，对该结论审核把关不严。

（二）有关部门主要问题

1. 代县应急管理局

对全县非煤矿山企业的日常安全监督、督促、指导不到位，常年存在执法人员配备不足，执法力量薄弱，全县非煤矿山企业的日常执法检查工作均安排在安全生产工作站进行，且大部分工作站人员无执法证件，导致执法主体、人员不符合法定要求。

对大红才公司Ⅰ采区监管不到位；对该企业存在的未按设计组织施工，基建期间以采代建，超能力、超定员生产，施工队伍层层转包，井下水患比较突出等问题失管失察；以文件落实文件，未严格按照文件要求开展相应的整治检查工作；未按《山西省应急管理厅关于持续推进金属非金属地下矿山采空区排查治理工作的通知》要求对Ⅰ采区的采空区和存在的隐患进行排查。

2. 忻州市应急管理局

对《国务院安委会办公室关于加强矿山安全生产工作的紧急通知》《国家矿山安全监察局关于开展非煤矿山安全生产专项检查的通知》《忻州市应急管理局

关于开展非煤矿山安全生产专项检查的通知》等相关文件落实不到位；对Ⅰ采区基建和采空区治理工程日常监督检查不到位；对忻州市应急综合行政执法队长期存在执法力量不足的情况不重视，导致其未能正常履行职责。

3. 代县自然资源局

对大红才公司长期存在的违法占用建设用地、耕地、未利用地的行为以罚代管，监管、查处、整改不力；未对Ⅰ采区斜1井、斜4井、亿安硐3个界外硐口实施有效封堵，导致企业利用违法硐口组织生产建设，进一步造成企业管理混乱。

4. 代县公安局

对忻州同力爆破工程有限公司未按《民用爆炸物品安全管理条例》第三十七条第二项规定保存领取、发放民用爆炸物品的原始记录的问题监管不到位。对忻州同力爆破工程有限公司代县项目部大红才公司Ⅰ采区民爆器材购买申请审核把关不严，批准炸药、雷管购买许可证的申请理由与代县应急管理局火工材料使用意见函内容不符。

5. 忻州市公安局

对代县公安局民用爆炸物品管理工作监督指导不到位，未发现代县公安局存在的对忻州同力爆破工程有限公司大红才公司Ⅰ采区民爆器材购买申请审核把关不严的问题。

（三）地方党委政府主要问题

1. 代县聂营镇党委政府

未认真履行安全生产属地管理职责，督促企业落实主体责任。隐患排查治理流于形式；在采空区治理和基建复工复产验收中把关不严；未发现大红才公司长期存在的以采代建、违规承包转包、违法占地等行为。

2. 代县县委县政府

贯彻落实地方党政领导干部安全生产责任制不到位；对非煤矿山安全生产工作重视不够，吸取山东栖霞市笏山金矿"1·10"重大爆炸事故教训不深刻，对全县非煤矿山领域隐患排查工作虽进行了安排部署，但在实际工作中未严格督促相关职能部门依法履行监管职责，对大红才公司长期存在的违法违规行为管理不到位。

3. 忻州市政府

贯彻落实安全生产工作"三管三必须"和地方党政领导干部安全生产责任制不到位；汲取山东栖霞市笏山金矿"1·10"重大爆炸事故教训不深刻，指导有关部门对非煤矿山领域开展隐患排查治理不彻底。

四、责任追究

事故共对 52 名相关责任人员进行追责问责。其中，大红才铁矿实际控制人、法定代表人、总经理、总工程师、矿长及浙江顺兴矿业大红才铁矿项目部实际控制人、生产经理、项目部经理等 15 人已被公安机关采取强制措施；大红才铁矿采区爆破员等 3 人被公安机关采取行政拘留；代县应急管理局峨口安全生产工作站站长、副站长、山西震益建设工程监理公司法定代表人、业务副总经理、项目负责人、陕西弘德建筑工程公司项目负责人等 6 人移交司法机关处理；浙江苍南县顺兴矿业公司法定代表人、陕西弘德建筑工程公司法定代表人、忻州同力爆破公司项目部经理等 3 人给予行政处罚；忻州市政府党组成员、一级巡视员（原副市长）、市人大常委会副主任（原代县县长）、代县县委书记、县长、常务副县长、忻州市应急管理局局长、忻州市公安局民爆支队负责人、代县公安局四级高级警长和山西中条山工程设计研究院 2 名事业单位人员等共计 25 名公职人员给予党纪政务处分。

对大红才铁矿罚款 560 万元，吊销《爆破作业单位许可证》《民用爆炸物品购买许可证》，纳入联合惩戒对象和安全生产不良记录"黑名单"管理。对浙江苍南县顺兴矿业有限公司、陕西弘德建筑工程有限公司分别罚款 300 万元，吊销《建筑业企业资质证书》、建筑施工《安全生产许可证》、金属非金属矿山采掘施工作业《安全生产许可证》，纳入联合惩戒对象和安全生产不良记录"黑名单"管理。对陕西耀杰建设集团有限公司罚款 8 万元，吊销《建筑业企业资质证书》、建筑施工《安全生产许可证》、金属非金属矿山采掘施工作业《安全生产许可证》，纳入联合惩戒对象。对山西震益工程建设监理有限公司罚款 300 万元，吊销资质，纳入联合惩戒对象和安全生产不良记录"黑名单"管理。对忻州同力爆破工程有限公司罚款 60 万元。对山西瑞源矿业投资有限公司给予警告并处罚款 3 万元，对主要负责人罚款 1 万元；责成忻州市委市政府、代县县委县政府分别向山西省委省政府、忻州市委市政府作出深刻检查。

✍ 一案五问一改变

1. 我对该事故的最深感触是什么？

2. 如果该事故中暴露的问题就出现在我身边，我该怎么办？

3. 如果该事故就发生在我身上，我的亲人和朋友会如何？

4. 我从该事故中汲取了什么教训？

5. 学习事故案例后我最想对同事和亲人说什么？

为避免同类事故，在今后的工作中我将做出以下改变：

湖南宝山有色金属矿业有限责任公司
"6·20"冒顶片帮事故案例①

2020年6月20日，湖南宝山有色金属矿业有限责任公司采矿工区西部 −150 m 中段南东沿 161 南采场发生一起冒顶片帮事故，造成2人死亡，直接经济损失 336.73 万元。

一、事故经过

事故地点（161 南采场）的采矿、支护、耙矿、放矿作业均在早班进行，采用一班作业。6月19日采矿工区开展月度安全检查，采矿工区西一区副区长曾某新和工区安全员周某斌、采矿工区西部 −190 m 中段北区中段长龚某、工区安全管理人员何某文等4名检查人员在西部矿区 −150 m 中段南东沿 161 南采场进行安全检查时，发现采场北边帮下部已经打了锚杆，但锚杆密度不够、局部开裂。对检查出的隐患，检查组下达了《采矿工区 2020 年6月份月度安全大检查单》（采矿工区安全组字〔2020〕0169 号），要求下一班（6月20日早班）补打锚杆。

6月20日早班7时00分左右，−150 m 中段南区中段长龚某彪在采矿工区地面派班室派班，安排谭某生、王某青到 −150 m 中段南东沿 161 南采场进行锚杆支护作业。

7时15分左右，工区安全员周某斌来到采矿工区地面派班室找到龚某彪，要求对工区安全检查时发现的 −150 m 中段 161 南采场北边帮下部开裂整改、补打锚杆。龚某彪随后安排谭某生和王某青按安全检查整改要求按标准补打锚杆。

7时23分，谭某生从 +330 m 井口下至 −150 m 中段，8 点 08 分到达 −150 m

---

① 资料来源：郴州市应急管理局. 湖南宝山有色金属矿业有限责任公司"6·20"冒顶片帮事故调查报告. （2020 − 11 − 16）〔2023 − 08 − 21〕. http：//yjglj. czs. gov. cn/yjjy/content_3201478. html.

南东沿，随后进入到 –150 m 中段南东沿 161 南采场。王某青于 7 时 58 分从 +472 m 井口坐罐笼到 –150 m 中段，8 时 20 分到达 –150 m 南东沿，随后进入到 –150 m 中段南东沿 161 南采场。

7 时 30 分左右，周某斌从 +330 m 平硐坐平巷人车下井，并坐竖井罐笼下到 –150 m 中段，8 时 30 分左右到了 –150 m 中段 161 南采场，在采场内周某斌交代谭某生和王某青 2 人要把通风、用电、松石、钻前支护等一些安全隐患排除，确认安全后才能进行补打锚杆作业。随后谭某生和王某青就开始排查隐患，周某斌则离开采场巡查其他作业场所。

10 时 30 分左右，周某斌和雷某兵来到 –150 m 中段南东沿 161 南采场进行安全确认，当时谭某生和王某青已经用长圆木和铁管在采场北边帮做了临时支护，正在打锚杆眼。周某斌叫停作业，对现场进行安全检查，没有发现异常情况，安全确认后叫谭某生和王某青继续作业。周某斌和雷某兵在现场观察了 30 min 左右，没发现异常，就下到西部 –150 m 斜井车场休息室去吃饭。12 时左右，周某斌看见王某青也到西部 –150 m 斜井车场休息室拿饭。

6 月 20 日 18 时，龚某彪看到微信群谭某生还没有交班（采用微信交接班，出班后由班长在微信里交班并报平安），于是就找井下放矿、维修人员询问谭某生他们出来了没有，为什么不交班？他们都说没有看到人。龚某彪又到王某青的住处去找人，发现门是锁的。龚某彪打了他们两人的电话，都是关机的。19 时 38 分龚某彪到机电调度中心查看人员定位系统，显示两人还在 –150 m 中段 161 南采场位置。

19 时 40 分，龚某彪通过井下 +50 m 中段值班室电话联系上中班井下带班领导公司安环部副主任王某雄，2 人下到 –150 m 中段 161 南采场，一起找人。龚某彪先上采场，在天井口看到两个工具袋和两个空饭盒；采场内有一侧帮一块大概长 14 m、宽 4 m、厚 3 m 的岩石滑落下来，没有看到人；采场照明线打脱，两盏照明灯只一盏亮的，侧帮上可以看到有一节钢钎，风管没有停风。龚某彪推测谭某生和王某青被压在大石头下面，叫跟在后面的王某雄不要上来、马上通知人员救援。至此，发现事故。

从 12 时左右周某斌看见王某青到西部 –150 m 斜井车场休息室拿饭，到 19 时许龚某彪在 161 南采场天井口发现两个空饭盒、两个工具袋以及在采场看见侧帮上有一节钢钎、风管没有停风，推断谭某生、王某青饭后进行了打锚杆眼作业，事故是在吃完饭后作业过程中发生的。经测算从车场休息室拿饭到吃饭后作业，路途约 33 min、吃饭约 30 min、开风等准备 7 min，而正常出班时间为 16 时之前。经综合分析，事故发生时间为 2020 年 6 月 20 日 13 时 10 分至 16 时 00

分之间。

二、事故原因

（一）直接原因

采场围岩存在隐伏层理，作业人员在处理开裂岩体实施锚杆作业过程中，安全防护意识差，未采取有效的临时支护措施，开裂的岩体边帮突然冒落，将正在作业的两名人员埋压，导致事故发生。

（二）间接原因

（1）企业安全管理机构设置不合理、人员配备不足。一是公司安全管理机构设置不合理，生产、安全、技术、环保都由一个部门负责，不利于相互监督和制衡，事实上弱化了安全管理。二是公司安全管理人员配备不足，井下 13 个中段、40 多个采场作业，每个中段 4 ~5 个采场只安排 1 名中段长、1 名安全员和 2 ~3 名松石工。三是公司对外包队直管后，外包队安全、技术人员配备要求与国家安全生产监督管理总局 62 令的有关规定不相符，外包队安全员、技术员等关键岗位人员不在岗，无技术负责人，施工员彭某成无证上岗。

（2）企业安全管理制度落实不力。一是领导带班下井制度落实不力，宝山公司未对领导下井带班的时间、地点、检查路线及职责要求作出规定，怀化公司宝山项目部未执行国家局第 62 号令第二十三条领导带班下井的规定。二是出入井管理制度落实不力，未明确责任部门，未对井下作业人员出入井进行有效管理。三是未严格执行班前会议制度、交接班制度和安全确认制度，未召开班前会议和未对当班作业人员进行安全技术交底，未对交接班形式及时间、地点交接班内容作出具体规定，现场安全确认流于形式，安全确认牌无检查内容和具体的确认时间。

（3）企业井下顶板管理不力。一是未严格落实顶板分级管理制度，未根据制度要求划分顶板等级、明确各级顶板管理责任人、安全措施、监测要求等内容，采场局部存在上盘岩体分层高度大、暴露时间长和临时支护不及时、不全面等问题。二是采场设计未遵守《金属非金属矿山安全规程》的有关规定，在事故地点存在相互垂直相交的三个采掘空洞并形成了 30 m 的盲巷，造成事故地点周围岩体应力局部集中，增加了冒顶片帮和中毒窒息事故的风险。三是支护管理不力，事故采场设计为锚杆锚网支护，实际施工时未挂锚网，施工锚杆作业前未实施有效的临时支护。四是未组织相关部门和单位对单体设计进行会审，未向作业人员贯彻学习和考试。

（4）企业安全风险管控不力。一是未对已排查出的隐患提出有效的管控措施，对 6 月 19 日采矿工区安全大检查发现的" −150 m 中段 161 采场边帮开裂"安全隐患，只提出"加强观察、锚杆支护"的措施，未采取有效的临时支护措施，未安排安全管理人员对高风险工作面进行盯守管理。二是矿井作业人员出入井不登记，不清点人数，人员定位系统设置为井下作业人员入井后 12 h 未出班才报警（正常入井时间为 8 h），事故发生后未能及时发现，有关人员不完全清楚信息上报的正确流程，应急预案中没有桂阳县应急指挥中心的联系电话，事故发生后未按规定规范上报事故信息。

（5）企业安全教育培训不力。一是有部分安全管理人员未取得安全生产管理人员合格证，事故当班支护工未取得特种作业操作资格证上岗。二是安全教育培训针对性不强，效果不佳，部分职工安全意识、安全技能和事故应急处置能力不强。三是事故发生后，有关人员对事故信息的报送流程不清楚，未按规定规范上报事故信息。

三、责任追究

经事故调查认定，本次事故是一起一般生产安全责任事故，依规依纪依法对相关责任人员进行追责问责。

怀化项目部钻工谭某生和王某青，安全防护意识差，未采取有效的临时支护，对事故的发生负直接责任，但因在事故中死亡，建议免于追究责任。

周某斌，宝山公司西部 −150 m 中段安全员。对 6 月 19 日已发现事故作业面的冒顶片帮风险未采取有效的处置措施，事故当班出早班、未对重点作业面进行跟踪盯守，现场安全确认流于形式，现场安全管理不力，安全生产交接班制度和班前会制度落实力。其行为对事故的发生负有主要责任，由市应急管理局撤销其安全生产管理人员合格证。

龚某彪，宝山公司西部 −150 m、−110 m 中段中段长。对 6 月 19 日已发现事故作业面的冒顶片帮风险未采取有效的处置措施，支护作业管理不力，安全生产交接班制度和班前会制度落实不力。其行为对事故的发生负有主要责任，建议给予其撤职处分。

曾某成，宝山公司采矿工区安全组组长。对 6 月 19 日已发现事故作业面的冒顶片帮风险未采取有效的处置措施，支护作业管理不力，安全生产交接班制度和班前会制度落实力，对现场安全管理不力。其行为对事故的发生负有主要责任，建议给予其撤职处分。

曾某新，宝山公司采矿工区副区长。对 6 月 19 日已发现事故作业面的冒顶片帮风险未采取有效的处置措施，支护作业管理不力，事故风险管控不力，现场安全管理不力。其行为对事故的发生负有管理责任，建议给予其记过处分，免去其采矿工区副区长职务。

曹某奇，宝山公司采矿工区采矿技术组组长。事故采场单体分层设计未严格执行《金属非金属矿山安全规程》的相关规定，技术管理不力。其行为对事故的发生负有管理责任，建议给予其警告处分。

罗某生，宝山公司采矿工区区长、支部书记。安全管理不力，隐患排查治理不力，对外包队伍管理不力。其行为对事故的发生负有领导责任，建议给予其警告处分，免去其采矿工区区长职务。

胡某荣，宝山公司调度机电中心自动化主管。对井下作业人员出入井信息管理不力，建议给予其警告处分。

白某红，宝山公司安环生产技术部采矿主办工程师。对设计图纸审批把控不严，未严格落实顶板分级管理制度。其行为对事故的发生负有领导责任，建议给予其警告处分。

王某雄，宝山公司安环生产技术部副主任。安全管理不力，安全培训不力。其行为对事故的发生负有领导责任，建议给予其警告处分。

周某渔，宝山公司安全总监兼安环生产技术部主任。对外包队伍管理不力，顶板管理不力，安全管理不力，安全培训不力。其行为对事故的发生负有领导责任，建议给予其警告处分，免去其安全总监兼安环生产技术部部长职务。

何某颐，宝山公司总经理助理，事故当班带班下井矿领导。顶板管理不力，安全管理不力。其行为违反对事故的发生负有领导责任，建议给予其警告处分，免去其总经理助理职务。

刘某军，宝山公司矿区管理部主任。对下井作业人员出入井管理不力。其行为对事故的发生负有重要领导责任。建议给予其批评教育。

熊某，怀化公司宝山项目部负责人。未有效建立健全组织机构和安全生产管理机构，未履行下井带班职责，安全管理不力。其行为对事故的发生负有主要责任，建议怀化公司给予其解除劳动合同，由郴州市应急管理部门依法给予其上一年年收入30％罚款的行政处罚。

彭某财，怀化公司宝山项目部值班长。隐患排查治理不力，安全管理不力。其行为对事故的发生负有主要责任，建议怀化公司给予其解除劳动合同。

宝山公司，对事故的发生负有责任，建议由郴州市应急管理局依法立案查处，依法给予行政处罚。

四、防范措施

事故暴露出企业安全生产主体责任不落实，安全管理人员配备不足、安全管理制度不落实、安全教育不到位以及应急平台建设等方面的问题，应该引起高度重视。

（1）强化主体责任落实。一是严格执行非煤矿山外包工程安全管理暂行办法（国家局第62号令）的相关规定，依法强化对外包队的管理；二是合理配备井下安全管理人员；三是严格落实矿领导和外包单位领导下井带班规定；四是进一步完善和落实安全管理制度。

（2）强化现场安全管理。一是严格执行安全确认制度，强化井下重点工作场所的安全确认工作，对风险大的作业场所应安排安全管理人员盯守管理；二是作业前，所有参与人员必须认真开展岗前冒顶片帮的危险源辨识工作，作业中严格要求按章作业；三是加强风险管控，对已经排查出的安全隐患应制定有效的处置措施，并跟踪整治到位。

（3）强化顶板分级管理。一是结合企业实际完善顶板分级管理制度，并贯彻落实到位；二是优化采场结构参数，对矿围岩节理裂隙发育的采场，采用一采一充，减小采场暴露面积和高度，缩短上盘岩体暴露时间；三是采场每次爆破落矿后应立即进行支护，锚杆支护前应先采用足够强度的木支护或螺旋支柱等临时支护措施，每完成一个钻孔立即安装锚杆，不应集中钻孔集中安装；四是作业人员严格执行"敲帮问顶"制度，将顶板和上盘的浮石及时处理；五是加强地质预测预报工作，当采掘工作面地质情况发生变化时，必须及时制定相应的安全技术措施并贯彻落实到位。

（4）强化全员安全教育培训。一是抓好企业职工三级培训教育工作，注重安全意识、操作技能、隐患辨识处置能力培训，全面提高职工安全生产素质；二是加强班前安全教育培训学习，利用班前会查安全、讲安全；三是加强安全员、井下支护工等特种作业人员的培训工作，做到安全员培训合格、特种作业人员持证上岗；四是加强对安全管理人员的法律法规、规程规范的培训学习，全面提升安全管理能力。

（5）强化企业应急能力建设。一是建立健全公司各层面及关键岗位在内的应急预案体系，根据矿山实际情况及时组织评审和修订；二是加大应急预案的宣贯力度，将应急预案纳入企业安全生产培训计划并及时组织应急演练；三是加强信息报送工作，理顺信息报送工作机制，加大对有关人员业务培训，确保信息报送规范有序和及时准确。

一案五问一改变

1. 我对该事故的最深感触是什么？

2. 如果该事故中暴露的问题就出现在我身边，我该怎么办？

3. 如果该事故就发生在我身上，我的亲人和朋友会如何？

4. 我从该事故中汲取了什么教训？

5. 学习事故案例后我最想对同事和亲人说什么？

为避免同类事故，在今后的工作中我将做出以下改变：

山西省繁峙县义兴寨金矿区"6·22"特别重大爆炸事故案例①

2002年6月22日14时30分，山西省繁峙县义兴寨金矿区0号脉王全全井发生一起特别重大爆炸事故，造成38人死亡，直接经济损失1000余万元。

一、事故经过

2002年6月19日左右，王全全井的主井掘进到位，并于21日晚与副井在三部打透贯通。由于技术水平低，主井井底低于副井的三部平巷1.5 m左右。因此，在事故前几天，王全全井基本停止了提矿，全力组织力量完善三部运输巷道，但井下采矿并未停止。事故当天主要作业地点是三部、四部和五部。

6月22日上午9时许，股东石新泉从繁峙县民爆公司砂河炸药库购买岩石乳化炸药150箱，计3.6 t，由王全全井民工王某林组织工人将其中的93箱炸药存放在副井一部平巷炸药库，并违反规定将炸药库放不下的炸药放置到二部、三部平巷。13时30分左右，矿井二部平巷绞车工座位的编织袋等物着火；14时30分左右，在一部平巷内的炸药库和盲一立井井口向下26 m处相继发生爆炸，燃烧、爆炸产生的大量一氧化碳等有毒有害气体导致38名矿工中毒窒息死亡。

二、事故原因

（一）直接原因

经过现场勘察、取证和分析认定，这起事故的直接原因是，井下作业人员违章用照明白炽灯泡集中取暖，时间长达18 h，使易燃的编织袋等物品局部升温过热，造成灯泡炸裂引起着火，引燃井下大量使用的编织袋及聚乙烯风管、水管，火势迅速蔓延，引起其他巷道和井下炸药库燃烧，导致炸药爆炸。在爆炸冲击波作用下，风流逆转，燃烧、爆炸产生的大量高温、有毒、有害气体进入三部平巷等处，造成井下大量人员中毒窒息死亡。

（二）间接原因

（1）违反规定，违章指挥，应急措施不力。矿主违反有关规定将大量的雷管、炸药存放于井下硐室、巷道，致使发生火灾后引起爆炸。在井下着火长达 1 小时的情况下，矿主没有采取快速有效的处理措施，未组织作业人员撤离，致使井下作业人员因无法躲避、无自救器具，而大量中毒窒息死亡。事故发生后，矿主没有制止地面矿工在无任何救助设备的条件下入井抢救，使死亡人数增加。

（2）采矿秩序混乱，乱采滥挖现象严重。2001 年以来，繁峙县委、县政府采取了错误的黄金开发政策，特别是县长王某平、县委副书记刘某良等少数党政领导及义兴寨金矿负责人接收贿赂，以所谓"疏堵结合"为名，支持、怂恿义兴寨金矿将部分采矿权非法承包给不具备任何资质的个体矿主。繁峙县黄金开发服务领导组和县黄金开发服务中心所印发文件中的一些内容违反了《矿产资源法》等法律法规的规定，使非法采矿行为"合法"化，在面积不到 1 km² 的孙涧沟范围内，就有非法矿井 33 个，不少矿井互相连通，埋下事故隐患。

（3）主管部门管理失控，企业内部管理混乱。山西省冶金行业办（黄金管理局）对义兴寨管理职责不清，监督管理不力，未能及时发现和制止该矿违法转让部分采矿权的行为。义兴寨金矿内部管理混乱，与不具备任何资质的殷某等签订委托探矿协议，从中牟利；而且作为安全责任单位，从未派专业技术人员对探矿井进行安全管理和技术指导。对探矿井负有行业管理责任的繁峙县黄金开发服务中心，只收费不管理，安全工作流于形式。

（4）王全全井以采代探，不具备基本的安全生产条件。王全全井名为探矿实为采矿，内部又是层层承包，管理混乱，且生产系统不完善，技术水平低下，采矿设备落后，生产过程中既没有设计图纸，也没有施工方案，隐患严重。

（5）民爆器材购买、储存、使用管理混乱。繁峙县公安局根据县政府有关领导批示，凭县安全生产监督管理局的证明，向非法矿井发放可直接购买炸药、雷管的多页购买凭证；县民爆公司炸药库保管员在没有任何手续的情况下一次就卖给王全全井 150 箱炸药；井下炸药库根本不符合存放民爆器材的基本条件，而县公安局在批准供货前既没有对井下炸药库进行检查，也没有对爆破工的资质进行核查。

三、责任追究

经事故调查认定，本次事故是一起责任事故，依规依纪依法对 71 名相关责任人员进行追责问责。其中，对事故的发生负有直接责任的非法矿主等 39 人因分别涉嫌重大责任事故罪和毁灭证据、包庇罪等，依法追究刑事责任。对繁峙县民爆公司经理等 8 名事故责任人员、涉嫌犯罪人员由司法机关依法逮捕。对忻州市副市长、山西省黄金管理局局长（省黄金工业公司经理）、繁峙县县委书记、义兴寨金矿党委书记等 13 名对事故发生、隐瞒事故负有领导责任人员给予党纪政纪处分。对新华社山西分社、《山西经济日报》《山西法制报》和《山西生活晨报》等新闻单位 11 名记者在采访过程中收受当地有关负责人及非法矿主贿送的现金、金元宝，存在严重的违纪行为，由中央纪委、监察部驻新华社纪检组、监察局和山西省纪委、监委另案处理。

四、防范措施

（1）山西省有关部门和忻州市、繁峙县要深刻吸取事故教训，全面贯彻落实《中华人民共和国安全生产法》《中华人民共和国矿产资源法》等法律法规，认真开展非煤矿山安全整治工作，采取有力措施，坚决取缔非法矿井，关闭不具备基本安全生产条件的矿井，彻底解决采矿秩序混乱问题。

（2）繁峙县人民政府要充分发挥各行政执法部门的作用，依法调整县黄金开发服务领导组及县黄金开发服务中心的职责；公安、国土资源、环保、工商、安全监管等行政执法部门要依法行政，严格执法，确保国家法律、法规的贯彻落实。

（3）义兴寨金矿要加强对黄金矿产资源的开发利用和管理工作，合理规划，科学开采。与此同时，要强化企业内部管理，坚决防止生产经营过程中以包代管、包而不管，非法出卖或转让资源等问题的发生。

（4）要健全市、县安全生产监督管理机构，充实监管力量，确保监督执法到位。在此基础上，要严查各类事故，依法加强监督，杜绝隐瞒事故现象的发生。

（5）要深化民爆器材专项整治工作，切实加强民爆器材购买、储存、使用的管理，严格执行有关民爆器材的管理规定，管好、用好民爆器材。

一案五问一改变

1. 我对该事故的最深感触是什么？

2. 如果该事故中暴露的问题就出现在我身边，我该怎么办？

3. 如果该事故就发生在我身上，我的亲人和朋友会如何？

4. 我从该事故中汲取了什么教训？

5. 学习事故案例后我最想对同事和亲人说什么？

为避免同类事故，在今后的工作中我将做出以下改变：

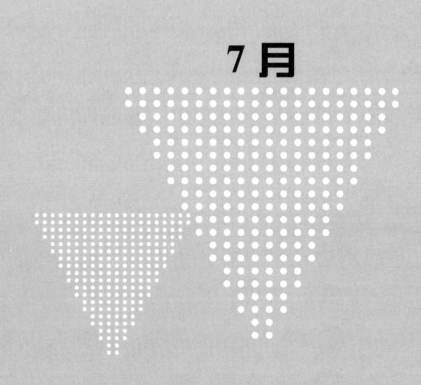

7月

河北钢铁集团矿业有限公司石人沟铁矿 "7·11" 重大炸药爆炸事故案例①

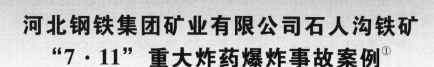

2009 年 7 月 11 日，河北钢铁集团矿业有限公司石人沟铁矿井下发生炸药爆炸事故，造成 16 人死亡，6 人死亡，直接经济损失 971.23 万元。

一、事故经过

2009 年 7 月 11 日 9 时 30 分左右，石人沟铁矿民爆运输服务中队用专用车辆运送民爆器材到达石人沟铁矿北区斜井井口，为通业公司施工队和温州矿山井巷工程公司施工队运送炸药 14 箱（336 kg），导爆管雷管 600 发（1~10 段）。

14 箱炸药装入斜井矿车，由斜井卷扬送至斜井 −60 m 水平井底车场，温州矿山井巷工程公司施工队 2 人在躲避硐室对面车场人行道领走 4 箱炸药（事故后退库），搬运至距斜井井底车场 300 m 以外的盲竖井 −60 m 车场；通业公司施工队领走 1 箱炸药（事故后退库）。

10 时 10 分左右，通业公司施工队保管员王某在地面领取导爆管雷管 600 发，撕下塑料包装，并用软绳通过导爆管内圈将导爆管雷管捆绑在一起背在后背上（导爆管每 10 个一把，共 60 把），人工徒步经斜井人行道由地表送至躲避硐室里间分发，10 时 25 分发生爆炸。

二、事故原因

（一）直接原因

导爆管雷管在裸露运送途中造成导爆管破损，破损的导爆管雷管在无防爆设施的躲避硐室内发放，遇到漏电产生的电火花引发导爆管雷管爆炸，继而引发炸

① 资料来源：晋中市应急管理局. 河北钢铁集团矿业有限公司石人沟铁矿 "7·11" 重大炸药爆炸事故.（2018−07−30）[2023−06−21]. https://yjglj.sxjz.gov.cn/fmjg/content_239862.

药爆炸。

（二）间接原因

（1）违反《爆破安全规程》（GB 6722—2003），将爆破器材的发放地点选择在斜井井底车场躲避硐室处，发放地点的照明电缆、照明灯具、空气开关、拉线开关、电压等级等不符合规定，且在爆破器材的运送、分发过程中，存在导爆管雷管裸露运送，炸药与导爆管雷管混放、混发现象。

（2）管理制度缺失，未制定爆炸物品分发和使用的协调、管理、检查制度。

（3）石人沟铁矿民爆运输服务中队各项规章制度落实不到位，管理混乱。未能及时发现通业公司施工队伍在不符合《爆破安全规程》要求的发放地点发放爆炸物品这一重大安全隐患，继续向施工队供应爆炸物品；通业公司施工队爆破工王启运送导爆管雷管方式违反了《爆破安全规程》，石人沟铁矿民爆运输服务中队井口安检人员未予制止。

（4）唐山市公安局钢城分局对民爆物品服务管理不到位。石人沟铁矿民爆服务中队共有58名涉爆人员，应全部持证上岗，实际仅有7人持证上岗。

三、责任追究

经事故调查认定，本次事故是一起严重违反《爆破安全规程》相关规定操作而导致的重大生产安全责任事故，依规依纪依法对19名相关责任人员进行追责问责。其中，十八项目部实际控制人、十八项目部股东、十八项目部工程队副队长、遵化市石油公司职工（私刻遵化市公安局石人沟派出所公章，伪造火化证明信）、通业公司副总经理、通业公司安全总监、通业公司安全处长、通业公司驻河北省唐钢矿业有限公司工地主任等8人被移送司法机关依法处理。十八项目部保管员等2人鉴于其已在事故中死亡，不再追究刑事责任。通业公司法定代表人、通业公司总经理、石人沟铁矿党委书记、矿长、副矿长等5人给予党政纪处分及上年度收入60%的罚款的行政处罚。河北钢铁集团矿业有限公司董事长、总经理、民爆公司石人沟铁矿中队队长、石人沟铁矿保卫科长、安全科副科长、采矿车间主任等6人给予党政纪处分或组织处理。

通业公司由河北省安全监管局处120万元的罚款，石人沟铁矿由河北省安全生产监督管理局处120万元的罚款。

河北钢铁集团矿业有限公司向河北钢铁集团公司作出深刻检查，并在河北钢铁集团公司通报批评；唐山市公安局钢城分局向唐山市公安局写出深刻书面检查。

四、防范措施

（1）严格按照《爆破安全规程》的要求，重新选择布设爆炸物品发放点。发放点工房的结构及电气应符合规程要求，炸药与雷管应分开存放，并用砖或混凝土墙隔开，墙的厚度不小于 0.25 m。新发放点应报属地公安机关审查批准。

（2）规范爆炸物品运输、分发、使用规定。严禁雷管和炸药混运、混放、混发，确保雷管和炸药的安全距离符合规程要求。用人工搬动爆破器材时，雷管和炸药应分别放在专用背包（木箱）内；领到爆破器材后，应直接送到爆破地点，不应乱丢乱放；不应携带爆破器材在人群聚集的地方停留；一人一次运送的爆破器材数量不超过规程要求。

（3）增设爆炸物品发放视频监视点，扩展电子监控系统的存储空间，录像信息储存时间不宜小于 7 天。

（4）建立健全并严格落实爆炸物品安全管理、定员定量、定置管理、危险点检查和隐患排查制度。强化分发、使用爆炸物品的管理，确保各项规章制度落实到位。

（5）加强爆破作业人员的安全教育和培训，保证涉爆人员具备必要的安全生产知识，熟练掌握相关规章制度和爆破安全操作规程。

（6）民爆服务单位要严格落实工作职责，完善自身队伍建设，不断强化对爆炸物品的安全监督管理，认真落实民爆物品的相关规定和要求，确保安全生产。

（7）省政府组成专门班子，研究是否禁止或整顿"温州模式"，以消除安全生产的重大隐患。

📝 **一案五问一改变**

1. 我对该事故的最深感触是什么？

2. 如果该事故中暴露的问题就出现在我身边，我该怎么办？

3. 如果该事故就发生在我身上，我的亲人和朋友会如何？

4. 我从该事故中汲取了什么教训？

5. 学习事故案例后我最想对同事和亲人说什么？

为避免同类事故，在今后的工作中我将做出以下改变：

岳阳利宇矿业有限公司"7·22"较大爆炸事故案例①

2015 年 7 月 22 日 16 时许，岳阳利宇矿业有限公司临湘市忠防镇中雁村王家山峰雁矿区在作业过程中，发生一起较大爆炸事故，造成 4 人死亡，直接经济损失 300 余万元。

一、事故经过

2015 年 7 月 22 日 12 时 30 分，事故发生矿硐负责人魏某皇带领王某它、李某球、何某望、邓某文、魏某红和徐某象 6 人到达事故发生矿硐作业。矿硐里分两个作业组进行作业，魏某皇和李某球负责打炮眼，王某它负责将渣土运出硐外，其余四人负责采矿、选矿。15 时 20 分，作业面的炮眼全部打完。15 时 40 分，魏某皇开始在炮眼里装炸药和雷管，15 时 50 分，魏某皇将引爆电线接在雷管上，但并未将电线接上电源。当时何某望、邓某文、魏某红和徐某象正在矿硐中台阶坑下面炮眼附近处收拾工具，王某它、魏某皇、李某球三人在台阶上面清渣施工。忽然硐里的照明灯一闪，轰的一声巨响，发生了爆炸。

二、事故原因

（一）直接原因

（1）事故发生矿硐内爆破作业人员无《爆破作业人员许可证》违规作业，在与爆破无关人员未撤离爆破作业现场的情况下就进行爆破网路架设，同时事故发生矿硐内起爆线、连接线与其他电力线路布置不当，起爆线路与其他电力线路隔离不到位。

（2）动力和照明线路破损、芯线外露产生漏电，加之矿硐所在矿区有雷雨现象，雷电作用加强了电雷管网路内的杂散电流强度，致使5个已安装炸药、雷管的炮眼中3个炮眼提前早爆。

（二）间接原因

1. 岳阳利宇矿业有限公司

（1）违法组织地下开采。该公司虽已取得露天开采长石《安全生产许可证》，但未向安监部门申报并取得地下开采长石《安全生产许可证》。

（2）违法发包。该公司在证照不全的情况下，违法将事故发生矿硐发包给没有相关开采资质的魏某皇进行开采。

（3）爆破现场管理混乱。事故发生矿硐现场爆破线路存在芯线外露漏电的安全隐患，爆破作业人员未取得《爆破作业人员许可证》资质。

（4）没有落实民用爆炸物品管理制度。该公司没有执行民用爆炸物品回库制度，建立回库台账，违法设立爆炸品仓库，并聘请无相应资质人员看守。

（5）岳阳利宇矿业有限公司对从业人员进行安全教育培训不到位。该公司以采矿作业点人员进出频繁为由，没有对从业人员进行安全教育培训。

2. 地方党委、政府

（1）临湘市忠防镇党委和镇政府贯彻落实上级党委、政府关于安全生产工作的部署和要求，组织开展"打非治违"不力，对事故发生矿硐长期违法开采行为没有采取有效措施制止。忠防镇对事故发生矿硐进行过多次检查，并分别于2015年4月16日下达《停止生产通知书》，2015年7月8日下达《责令停止违法生产通知书》，2015年7月14日上午，镇党委书记李某龙、镇长汤某兵分别向临湘市安委办和临湘市国土局递交了《关于请求对忠防镇违法违规采矿行为进行打击治理的情况汇报》，汇报材料中没有提到事故发生矿硐，2015年7月22日上午，李某龙和汤某兵再次来到临湘市安委办请求尽快采取联合执法行动，但忠防镇采取的措施没有从根本上制止事故发生矿硐违法生产的行为，直至事故发生前，该矿硐仍在进行违法开采作业。

（2）临湘市人民政府组织开展非煤矿山"打非治违"工作推进不到位，没有及时督促相关部门采取有效措施打击非煤矿山领域非法违法行为。

3. 负有安全生产监督管理职责的部门

（1）临湘市国土局履行矿产资源监督管理职能，组织开展矿产资源领域"打非治违"工作不到位。该局矿管中队在日常巡查过程中，多次对事故发生矿硐进行检查，但没有将事故发生矿硐违法开采的情况向有关部门通报。今年7月，忠防镇党委政府以书面形式向该局递交了《关于请求对忠防镇违法违规采矿行为进行打击治理的情况汇报》的报告后，采取相关措施不力。

（2）临湘市公安局履行民用爆炸物品安全管理职能不到位，对岳阳利宇矿业有限公司没有落实民用爆炸物品管理制度、未建立回库台账、违法设立临时仓库储存民用爆炸物品的行为没有及时发现查处。对事故发生矿硐爆破作业人员无《爆破作业人员许可证》进行爆破作业的情况没有及时发现制止。临湘市忠防镇派出所在排查行动中查获事故发生矿硐无证违法开采行为后，没有上报临湘市公安局，也未采取查封其民用爆炸物品的措施。

（3）临湘市安监局对非煤矿山监督管理，开展非煤矿山"打非治违"工作不到位。对岳阳利宇矿业有限公司日常监督检查督促指导企业落实安全生产培训教育、健全安全管理制度等不到位，对事故发生矿硐未及时发现和制止。今年7月，忠防镇党委政府向该局递交了《关于请求对忠防镇违法违规采矿行为进行打击治理的情况汇报》后，采取相关措施不力。

三、责任追究

经调查分析认定，岳阳利宇矿业有限公司"7·22"较大爆炸事故是一起较大生产安全责任事故。岳阳利宇矿业有限公司法定代表人、岳阳利宇矿业有限公司安全负责人、事故发生矿硐承包人和实际负责人等依法被公安部门刑事拘留。岳阳利宇矿业有限公司行政部长、岳阳利宇矿业有限公司董事长助理、临湘市忠防镇安监办主任、临湘市忠防镇副镇长、临湘市忠防镇镇长、临湘市忠防镇党委书记、临湘市忠防镇国土所所长、临湘市国土局执法监察大队副大队长、临湘市国土局总工程师、临湘市忠防镇派出所所长、临湘市公安局治安大队副大队长、临湘市公安局治安大队大队长、临湘市安监局非煤矿山股股长、临湘市安监局总工程师依法给予党纪、政纪处分。

刘某勇，岳阳利宇矿业有限公司民用爆炸物品仓库保管员，负责公司民用爆炸物品的发放和保管。对民用爆炸物品发放把关不严，将民用爆炸物品发放给无《爆破作业人员许可证》的魏运皇使用，未落实民用爆炸物品回库制度，未建立回库台账，对事故发生负有直接监管责任，建议由公安机关依法吊销其《爆破作业人员许可证》。

依据《中华人民共和国安全生产法》《生产安全事故报告和调查处理条例》等相关法律法规的规定，建议由岳阳市安全生产监督管理局对岳阳利宇矿业有限公司给予行政处罚。

四、防范措施

（1）岳阳利宇矿业有限公司要深刻吸取本次事故的教训，健全公司的安全

125

生产责任制和安全生产规章制度，确保责任落实到岗，落实到人；要按照法定程序完成整合，在证照齐全，符合安全生产条件的情况下方可投入生产；要加大对爆破现场设施设备的隐患排查治理力度，确保爆破现场作业安全；要加强民用爆炸物品的管理，严格按照《民用爆炸物品安全管理条例》的要求，督促当班作业人员在爆破作业后将剩余的民用爆炸物品清退回库；要切实加强安全教育培训工作，依法依规制定教育培训计划并严格落实。

（2）临湘市政府、忠防镇政府要依据《中华人民共和国安全生产法》《湖南省安全生产监督管理职责规定》等相关法律、文件的要求，认真落实安全生产"党政同责""一岗双责"的职责规定，要针对本起事故提出非煤矿山安全生产专项整治方案，进一步完善"打非治违"工作机制，强化整顿整治措施，严厉打击安全生产非法违法等行为，切实提高安全生产属地监管水平。

（3）临湘市政府对辖区内无证开采矿山要坚决予以取缔，收回的采矿权要通过合法程序进行招拍挂，并督促拍得采矿权的企业通过法律法规规定的各项审查，取得相应证照后方可允许生产。

（4）临湘市国土局要依法打击矿山的违法开采行为。在日常检查过程中要对企业取证情况予以查验，发现存在的安全隐患应当由其他部门进行处理的，应当及时移送相关部门。

（5）临湘市公安局要加强民用爆炸物品的日常管理，加大对民用爆炸物品使用单位的监管力度，防止民用爆炸物品用于无证无照或证照不全场所。

（6）临湘市安监局要切实加强整合矿山的安全监管。对于实施整合的矿山，要严格按照"先关闭、后整合"的原则，依法注销其非煤矿矿山企业安全生产许可证。整合后的矿山，必须严格实行安全设施"三同时"审查，依法取得安全生产许可证，证照齐全方可投入生产。要加强对整合矿山的执法检查，严厉打击各种形式的"假整合"，严厉惩处以整合或基建名义组织生产等非法违法行为。

一案五问一改变

1. 我对该事故的最深感触是什么？

2. 如果该事故中暴露的问题就出现在我身边，我该怎么办？

3. 如果该事故就发生在我身上，我的亲人和朋友会如何？

4. 我从该事故中汲取了什么教训？

5. 学习事故案例后我最想对同事和亲人说什么？

为避免同类事故，在今后的工作中我将做出以下改变：

江西省乐平市座山采石场"7·30"
特别重大岩体坍塌事故案例①

2001 年 7 月 30 日，江西省乐平市座山采石场发生特大岩体坍塌事故，造成 28 人死亡。

一、事故经过

乐平市座山采石场共有 6 个工作面，其中山下村村民朱某初、朱炳某合一个工作面；朱某水、朱炳某合一个工作面；朱某泰、朱某保两人各一个工作面；另 2 个工作面为大禅村村民开采。这 6 个工作面均属无证非法开采。2001 年 7 月 30 日，山下村村民开采的 4 个工作面发生特大岩体坍塌事故，造成 28 人死亡。

二、事故原因

（一）直接原因

该采石场股东采用的都是下部爆破掏空、上部崩落的违反露天采矿规定的开采方法，是造成这起岩体坍塌特大事故的直接原因。

（二）间接原因

（1）塔前镇政府管理上没有严格的措施，技术上没有具体指导，对采石场安全工作抓得不严，是造成这起特大事故的重要原因之一。

（2）乐平市政府没有针对非煤矿山安全工作进行部署，安全管理不到位，是造成这起特大事故的重要原因之一。

（3）乐平市公安局违规办证且对民爆物品的销售和使用情况监管不力，造成较多非法开采矿山仍然使用火工产品，是造成这次特大事故的重要原因之一。

① 资料来源：晋中市应急管理局．江西省乐平市座山采石场"7·30"特大岩体坍塌事故．（2018 – 08 – 08）［2023 – 06 – 21］．https：//yjglj. sxjz. gov. cn/fmjg/content_241138.

（4）乐平市地矿局执法不力，是造成这起特大事故的重要原因之一。

三、责任追究

经事故调查认定，本次事故是一起由于有关人员严重违反国家有关法律、法规的规定而造成的责任事故，依规依纪依法对事故共对 12 名相关责任人员进行追责问责。其中，座山采石场股东等 2 人，无证非法办矿，被司法机关依法追究刑事责任。乐平市委副书记市长、副市长、地矿局局长、地矿局副局长、塔前镇党委书记、党委副书记镇长、人武部部长、公安局塔前中心派出所所长、教导员、治安大队副大队长等 10 人被给予党纪政纪处分。

四、防范措施

为认真吸取事故教训，乐平市政府要进一步贯彻落实省人民政府《关于在全省范围内开展非煤矿山安全整治工作的紧急通知》（赣府字〔2001〕235 号）的精神，坚决贯彻执行"三关闭一整顿"，切实抓好整顿验收工作。同时，要按照《江西省非煤矿山安全生产条件合格证管理办法》的规定，使非煤矿山达到证照齐全，合理布局，依法开采。要开展经常性的安全生产大检查，实行严格的非煤矿山安全动态监督，对矿山从业人员进行安全技术业务培训，提高矿山特种作业人员技术业务水平和安全意识。对其他尚未达到安全生产条件的采石场一律停产整顿，并由各有关乡镇负责监控，将监控责任全部落实到人。各涉及非煤矿山的乡镇和市直有关涉矿单位要密切协作，对非法开采进行严厉打击。要按照行业规程的要求，通过控制采石场的阶段开采高度和选用合理的推进方向及爆破方式，杜绝"倒山崖"开采方法。对由于历史的原因造成的伞檐状岩体，要限期整改。乐平市公安部门要加强对火工产品发放和使用管理，防止造成事故隐患。要逐步全面规范全市采石行业的生产、运输和销售，从根本上做到依法办矿、安全生产，杜绝非煤矿山重、特大事故的发生。

📝 一案五问一改变

1. 我对该事故的最深感触是什么？

2. 如果该事故中暴露的问题就出现在我身边，我该怎么办？

3. 如果该事故就发生在我身上，我的亲人和朋友会如何？

4. 我从该事故中汲取了什么教训？

5. 学习事故案例后我最想对同事和亲人说什么？

为避免同类事故，在今后的工作中我将做出以下改变：

8 月

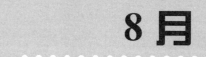

山西省娄烦尖山铁矿"8·1"
特别重大排土场垮塌事故案例[①]

2008 年 8 月 1 日 0 时 15 分，山西省太原市娄烦县境内的太原钢铁（集团）有限公司（以下简称太钢集团）矿业分公司尖山铁矿（以下简称尖山铁矿）发生特别重大排土场垮塌事故，造成 45 人死亡，1 人受伤，直接经济损失3080.23 万元。

一、事故经过

2008 年 8 月 1 日 0 时 15 分左右，尖山铁矿南排土场排筑作业区推土机司机张某文发现 1632 平台照明车外约 10 m 处出现大面积下沉，下沉宽约 20 m，落差约 400 mm，随后排土场产生垮塌、滑坡。排土场滑体的压力缓慢地推挤着黄土山梁土体向下移动，从而推垮并掩埋了仅距黄土山梁坡脚 50 m 的寺沟（旧）村部分房屋，部分村民来不及逃离而被埋。

二、事故原因

（一）直接原因

1632 平台排筑为剥离的黄土和碎石混合散体（约 80% 为黄土），强度低，边坡高度和台阶坡面角较大，且南排土场为黄土软弱地基。边坡处于失稳状态下，仍在排土作业；加之不利的地形条件、排土场地基承载力低、降水渗入边坡底层、扒渣捡矿等因素进一步降低了排土场边坡稳定性，最终导致发生大面积垮塌。

（二）间接原因

---

① 资料来源：晋中市应急管理局. 山西省娄烦尖山铁矿"8·1"特别重大排土场垮塌事故.（2018－08－08）［2023－06－21］. https：//yjglj.sxjz.gov.cn/fmjg/content_241138.

（1）尖山铁矿及其上级公司安全生产主体责任不落实，安全管理不力。一是初步设计未按规定及时编制《安全专篇》且未经安全监管部门批准即违规开工建设；补做《安全专篇》后，未按有关要求进行管理。二是未针对地基不良情况，补做工程地质工作；未就《地质环境影响评价报告》和《安全评价报告》中有关防范排土场地质灾害的建议提出整改措施；未制定和完善排土场的相关安全管理规章制度。三是未设置专门的安全生产管理机构，管理人员未按规定持安全资格证上岗，隐患排查治理台账、排筑作业区检查记录和运行日志中，基本没有量化指标。四是对南排土场1632平台出现不正常开裂、下沉、滑坡的情况，未引起重视，未认真分析原因、判断其危害程度，未采取有效治理措施进行治理清除，仍然冒险排筑作业。五是太钢集团、矿业分公司尤其是尖山铁矿在矿山安全生产方面责任制不落实，监督不严，管理不力。

（2）当地政府及有关部门对矿区违规扒渣捡矿活动清理不彻底，督促村民搬迁不力。一是娄烦县政府违规签订《利用废石协议》，致使矿区出现乱建干选厂、争夺排土场废石资源，并引发群体性打架斗殴等治安问题。虽在2005年11月，太原市政府就尖山矿区周边社会治安及打击私采乱挖问题召开专题会议，关停了矿区周边干选厂，但对违规扒渣捡矿活动整治、清理不彻底。截至事故发生前，仍有一些违规扒渣捡矿人员在矿区排土场周围活动。二是太钢集团二期一次征地涉及事故发生地寺沟（旧）村，但娄烦县政府与太钢集团签订的《征地协议》和《出让合同》中都未涉及征地范围内寺沟（旧）村的搬迁问题，致使事故发生前寺沟（旧）村未搬迁。三是流动人口管理不力，致使从事违规扒渣捡矿活动的外来人员长期居住在寺沟（旧）村。事故发生时，寺沟（旧）村有18个院（房屋、窑洞93间），共住有101人。

（3）山西省安全监管局履行安全生产监管职责不力。作为尖山铁矿的安全生产监管主体，山西省安全监管局对企业未设立专门的安全生产管理机构、管理人员无安全资格证书上岗等问题失察；对改扩建工程违反"三同时"规定，未经竣工验收、未领取安全生产许可证即投入生产等问题失察；对尖山铁矿安全生产许可证到期后，未审查企业安全生产条件即违规予以顺延；在2008年5月至7月牵头开展安全生产百日督查专项行动期间，未发现和督促尖山铁矿认真排查治理南排土场1632平台不正常开裂、下沉、滑坡等安全隐患。

三、责任追究

经事故调查认定，本次事故是一起责任事故，依规依纪依法对37名相关责任人员进行追责问责。其中，尖山铁矿工艺质量科技术员、规划管理科科长、工艺质量科科长、总工程师、副矿长、矿长兼党委书记（尖东项目部经理）、太原市公安局城北分局尖山派出所所长兼任尖山铁矿护矿队队长、娄烦县公安局马家庄派出所副所长（主持工作）、马家庄乡党委书记、米峪镇乡党委书记、娄烦县人大副主任、娄烦县信访局局长、山西省安全监管局应急救援办公室副主任、中条山有色金属公司篦子沟矿原副矿长兼山西省 2008 年安全生产百日督查专项行动太原地区非煤矿山督查组专家组组长等 13 人被依法提起公诉。尖山铁矿调度室调度员、护矿消防队副队长党支部副书记、排筑作业区主管、太钢集团矿业分公司生产部副部长、技术发展部部长、经理助理兼生产部部长、信息化项目部执行副经理、总工程师、太钢集团安全生产部部长、太钢集团副总经理兼矿业分公司经理党委书记、太钢集团副总经理、娄烦县公安局马家庄乡派出所副所长、娄烦县公安局经侦大队副大队长（主持工作）、太原市煤炭局副局长、太原市公安局城北分局尖山派出所副所长、太钢集团副总经理董事会董事、太钢集团总经理董事会副董事长、太钢集团董事长、马家庄乡政府综合治理办公室主任、娄烦县副县长、娄烦县政府副县长兼娄烦县打击私挖乱采领导小组负责人、娄烦县县长县委副书记、娄烦县县委书记、山西省安全监管局监管一处监察专员（正处级）等 24 人被给予党纪政纪处分。

国家安全监管总局对尖山铁矿处以 500 万元罚款。

四、防范措施

山西省娄烦尖山铁矿"8·1"特别重大排土场垮塌事故，损失惨重，影响极大，教训极为深刻。为防范类似事故的发生，特提出如下防范措施和建议。

（1）尖山铁矿及其上级单位矿业分公司、太钢集团要规范排土场的设计和运行，加强安全管理。矿山排土场位置选定后，设计单位应坚持在专门的工程地质和水文地质勘察的基础上进行设计，并依此确定安全可靠的排土工艺结构参数。对类似本事故排土场 80% 为剥离黄土和软弱地基的情况，要在设计和生产管理中更加注意，提出针对性措施和要求。并严格按照设计和有关规程要求进行排土场作业管理，确保其长期稳定，防止发生排土场垮塌和泥石流。

（2）太钢集团及其所属矿山企业要加强排土场安全隐患排查治理。要切实落实企业的安全生产主体责任，高度重视排土场的安全，制订完备的安全生产规章制度和操作规程，配备合格的安全管理人员，按照规定的内容定期对排土场进行全面检查，对检查中发现有重大隐患的排土场，必须立即采取措施进行整改或停止废渣排放。负有安全监管职责的地方政府及有关部门要对重大隐患治理实行挂牌督办。

（3）强化应急救援工作。市、县政府和太钢集团特别是尖山铁矿要高度重视安全生产应急管理，针对具体情况，制定排土场应急预案，确定事故或紧急状态下的避灾、救灾措施和处置程序，并定期组织培训和演练。事故发生后，要立即组织有经验、有能力的现场指挥和救援力量，科学决策，安全施救，快速施救，核清人数，减少事故损失。要严格执行《生产安全事故报告和调查处理条例》，事故报告要准确、及时、规范。

（4）要切实加强矿山建设项目安全管理。太钢集团及其矿山企业要严格按照《非煤矿矿山建设项目安全设施设计审查与竣工验收办法》（原国家安全监管局令第18号）等法规、标准履行"三同时"相应程序，排土场应按照《金属非金属矿山排土场安全生产规则》的规定，进行专门的工程地质勘探工作和有针对性的设计。山西省安全监管部门要按照有关规定和要求，认真组织做好矿山建设项目安全设施的设计审查和竣工验收工作。

（5）市、县、乡政府要明确界定企业矿区管辖权，加强人口管理和对非法捡矿行为的整治工作。随着企业的扩建延伸，在办理征地手续后，作为企业及当地政府和公安等有关部门，要依照有关规定及时界定和明确矿区管理权问题。特别是对矿区治安管理、人口管理等方面一定要明确管理主体及协助配合的关系，以避免出现管辖不清、责任不明，相互推诿、扯皮等问题。要加强对非法捡矿行为的惩罚力度，进一步落实整治措施。

（6）山西省政府要进一步明确省属国有企业安全生产的监管主体，加强安全监管。对中央及省属国有企业及其下属公司、分厂要进一步明确安全生产的监管主体。建议山西省政府举一反三，明确监管责任。特别是对其下属的公司、分厂要列出监管的详细企业名单，防止出现因监管主体不明、责任不清，都管又都不管，一旦发生问题相互推诿和扯皮的现象。负有对中央、省属企业安全监管职责的安全监管部门要加大对排土场安全监管的力度。按照有关法律法规的要求，各级安全监管部门要督促企业把排土场安全评价工作纳入矿山安全评价工作中，按照《金属非金属矿山安全规程》《金属非金属矿山排土场安全生产规则》等有关规定，确定排土场安全度，对于危险级的，应当责令企业停产整治，并采取有效措施进行整治；对于病级的，应当限期按照正常级标准进行整治，消除隐患。

 一案五问一改变

1. 我对该事故的最深感触是什么？

2. 如果该事故中暴露的问题就出现在我身边，我该怎么办？

3. 如果该事故就发生在我身上，我的亲人和朋友会如何？

4. 我从该事故中汲取了什么教训？

5. 学习事故案例后我最想对同事和亲人说什么？

为避免同类事故，在今后的工作中我将做出以下改变：

广西拓利矿业有限责任公司拉么锌矿"8·20"车辆伤害事故案例[①]

2019 年 8 月 20 日 8 时 30 分左右，广西拓利矿业有限责任公司拉么锌矿 610 坑口斜坡道距离井口约 300 m 处发生一起车辆伤害事故，造成 1 人死亡，直接经济损失约 132 万元。

一、事故经过

2019 年 8 月 20 日 7 时 40 分左右，浙江宝树建设有限公司车队队长黄某韧调度安排两辆自卸货车到 610 坑口 230 中段清运会车场里面的废铁和废旧管线等。这两辆车分别是 8 号车（由谭某共驾驶）和 29 号车（由万某强驾驶）。8 时 20 分左右，8 号车在进行安全检查并经司机谭某共签字确认及车辆检查安全员黄某签字"车辆正常、同意使用"后，谭某共驾驶 8 号自卸汽车从 610 坑口下井，随后间隔大约 10 min 即 8 时 30 分左右由万某强驾驶的 29 号车在进行安全检查及加油后下井，当行驶到距离井口约 300 m 的斜坡道区域时，发现由谭某共驾驶的 8 号车撞在窿墙上，车辆前部严重损坏变形，于是下车叫喊谭某共，不见回应，万某强就立即开车调头出井向车队长黄某韧报告，黄某韧立即向现场管理吕某达及 610 坑口负责人龙某山电话报告，同时组织工人下井救援。之后拉么锌矿矿部也派人来参加救援，先用车子把事故车辆的车厢拉到一边，再用工具将驾驶室进行破拆。10 时 55 分车河卫生院医护人员到达事故现场，经医生检查，确认谭某共已经死亡。约 11 时 40 分将谭某共从变形的驾驶室解救出来。11 时 47 分，谭某共被运送到 610 井口，并送往河池市殡仪馆。

[①] 资料来源：广西河池市南丹县人民政府. 广西拓利矿业有限责任公司拉么锌矿"8·20"车辆伤害事故案.（2019 - 09 - 23）［2023 - 06 - 10］. http：//www.gxnd.gov.cn/xxgk/zdlyxxgk/shgysyjs/aqscly/aqsgtcbg/t6614923.shtml.

二、事故原因

根据河池市金城司法鉴定所及南丹县公安局出具的鉴定意见和鉴定结论，拉么锌矿外包工程队浙江宝树建设有限公司 610 坑口自卸汽车驾驶员谭某共，由于自身潜在的心脏冠状动脉粥样硬化、突发急性心梗，当驾驶自卸汽车入井，下斜坡道时未能采取任何制动措施，车辆正面冲撞窿墙，这是发生事故的直接原因和主要原因。

三、防范措施

为杜绝类似事故再次发生，提出如下防范措施。

（1）拉么锌矿要严格开展全矿包括外包工程队员工的身体检查工作，对存在身体疾病，不宜从事井下工作的员工，一律不准入井。

（2）拉么锌矿要加强员工安全教育培训，制定和完善应对职工突发身体疾病的应急处置措施。

（3）拉么锌矿要加强对自卸汽车、铲运机等车辆检查维护，保证车辆运行正常，严禁机械"带病"运行。

一案五问一改变

1. 我对该事故的最深感触是什么？

2. 如果该事故中暴露的问题就出现在我身边，我该怎么办？

3. 如果该事故就发生在我身上，我的亲人和朋友会如何？

139

4. 我从该事故中汲取了什么教训？

5. 学习事故案例后我最想对同事和亲人说什么？

为避免同类事故，在今后的工作中我将做出以下改变：

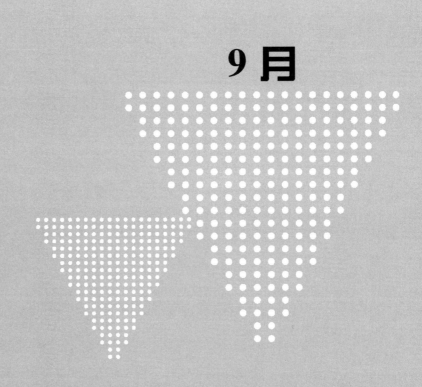

9 月

益阳盛源矿业有限公司桃江县源嘉桥硫铁矿
"9·1" 较大车辆伤害事故案例①

2014 年 9 月 1 日 13 时 51 分，益阳盛源矿业有限公司桃江县源嘉桥硫铁矿发生一起车辆伤害事故，造成 3 人死亡，1 人受伤，直接经济损失约 211 万元。

一、事故经过

2014 年 9 月 1 日 12 时左右，带班副矿长刘某楼对十中段各作业面进行安全检查，这时十中段 4 组掘进作业点装矿石 1 车后，扒岩机不能启动，刘某楼安排机电工刘某权、伍某军去检查，2 人检查后发现电机烧坏，需要更换，于是跟井口值班室打电话，要求地面下放新电机。井口值班员刘某芬接到电话后，马上将情况向矿长秦某生汇报。秦某生在地面没有找到好的电机，于是安排刘某权、伍某军去八中段腰巷去拆一台电机进行更换，刘某权、伍某军拆下故障电机并装进空矿车内，与十中段车场另三辆装满矿石的矿车连钩，就准备去八中段腰巷拆电机。由于刘某权、伍某军来矿工作时间不到 20 天，对矿山情况不熟悉，带班副矿长刘某楼决定带他们去。刘某楼走前，刘某权、伍某军随后，3 人从十中段车场沿主斜井上行。刚行至九中段重车道吊桥时，刘某楼发现钢丝绳向上提升，便马上躲避在九中段重车道吊桥上 1 m 东侧巷道靠帮位置，并喊刘某权、伍某军躲避，他们 2 人听见喊声，快速走到九中段重车道吊桥东侧的工字钢架的空车道中间。此时，正在等空车的九中段掘进工杨某强待重车通过九中段口后，将吊桥放下，也躲到刘某权和伍某军的旁边。13 时 50 分左右当矿车提升至离井口 257.8 m 时，钢丝绳在离井口 205.8 m 处发生断裂，导致跑车。矿车急速下滑，

① 资料来源：湖南省应急管理厅. 益阳盛源矿业有限公司桃江县源嘉桥硫铁矿 "9·1" 较大车辆伤害事故调查报告. (2016 – 01 – 13) ［2023 – 06 – 21］. http://yjt. hunan. gov. cn/yjt/xxgk/tzgg/sajj/201601/t20160113_3368233. html.

左右翻滚撞击轨道，致矿车内矿石甩出后砸在刘某楼身上，同时被掀起的轨道将刘某楼压住，刘某楼左侧背部及左腿受伤。离井口 425.8 m 位置矿车掉道继续向下翻滚，冲入九中段重车道吊桥上，侧翻于东侧空车道工字钢架上，将钢架压垮，撞向躲在此处的杨某强、刘某权、伍某军 3 人，导致 3 人当场撞击身亡。

二、事故原因

（一）直接原因

矿山在用提升钢丝绳使用中受矿井酸性水腐蚀，严重锈蚀，使用性能严重降低，且从业人员对钢丝绳的维护、保养、检查不到位，引起提升时断绳跑车；刘某楼、刘某权、伍某军和杨某强 4 人在斜井内矿车提升时，躲避在不安全位置，被掉道车辆撞击。

（二）间接原因

（1）益阳盛源矿业有限公司源嘉桥硫铁矿对从业人员的安全生产教育培训不到位。未对新进机电维修工刘某权、伍某军进行培训考核，负责钢丝绳日常检查的行政副矿长梁某夫，对钢丝绳的锈蚀、断丝、磨损和直径的测量没有真正掌握，未能及时发现钢丝绳断丝，磨损、锈蚀严重的事故隐患。

（2）企业安全生产主体责任不落实。未对专家提出的验收整改意见及时整改，作业现场安全管理不到位，主斜井信号发送混乱，落实各项安全生产规章制度和安全操作规程不力，对从业人员违规行为制止不力。

（3）相关职能部门安全生产监管不到位。一是灰山港镇镇政府组织开展安全生产检查不深入、不全面，未能及时发现企业存在的安全隐患，组织、指导安监站加强日常安全监管不力。二是灰山港镇安监站督促企业落实安全生产主体责任不力。在安全生产检查中未能发现企业存在的安全隐患，对源嘉桥硫铁矿存在的安全管理制度和安全操作规程落实不到位、从业人员安全培训教育不到位等问题失察。三是桃江县安监局督促企业落实安全生产主体责任不力，对源嘉桥硫铁矿存在的主斜井行人的同时进行矿车提升、钢丝绳检查记录不完善、未按规定对员工进行安全培训的问题督促整改不到位。

三、责任追究

经调查认定，此次事故是一起较大生产安全责任事故。源嘉桥硫铁矿机电工刘某权、伍某军和掘进工杨某强 3 人，在斜井内矿车提升时，未按规定躲避到安全位置，对事故的发生负有直接责任，鉴于其在事故中死亡，建议免予追究责任。益阳盛源矿业有限公司法定代表人、益阳盛源矿业有限公司股东、源嘉桥硫铁矿矿长、源嘉桥硫铁矿安全副矿长、源嘉桥硫铁矿生产、机电副矿长等依法被公安机关刑事拘留。源嘉桥硫铁矿技术副矿长和源嘉桥硫铁矿行政副矿长对事故的发生负有直接管理责任，由桃江县公安局立案侦查，依法追究其责任。桃江县灰山港镇副镇长、桃江县灰山港镇安监站站长、桃江县灰山港镇安监站副站长、桃江县安全生产监督管理局副局长、桃江县安全生产监督管理局非煤矿山监管股股长、桃江县安监局非煤矿山监管股工作人员对事故的发生负有其他直接责任，依法给予行政记过处分。

王某华，桃江县人民政府副县长，分管全县安全生产工作。组织、指导、督促职能部门依法履行安全生产监管职责不到位，对事故的发生负有重要领导责任，建议由益阳市人民政府分管领导对其进行诫勉谈话。

彭某，桃江县安全生产监督管理局党组书记、局长，主持县安监局全盘工作，负责县安委办全面工作。督促企业落实安全生产主体责任不力，对事故的发生负有重要领导责任，建议由桃江县人民政府主要领导对其进行诫勉谈话。

唐某，桃江县灰山港镇党委副书记、镇长，全镇安全生产监管行政第一责任人。组织开展安全生产监督检查、隐患排查整治不到位，对事故的发生负有重要领导责任，建议由桃江县人民政府主要领导对其进行诫勉谈话。

益阳盛源矿业有限公司，对从业人员的安全生产教育培训不到位，企业安全生产主体责任不落实，未能及时发现并消除事故隐患，对事故的发生负有责任。根据《中华人民共和国安全生产法》《生产安全事故报告和调查处理条例》的有关规定，建议由益阳市安全生产监督管理局依法给予罚款的行政处罚。

责成桃江县人民政府向益阳市人民政府作出书面检查。

四、防范措施

（1）益阳盛源矿业有限公司，要认真落实安全生产主体责任。加强对从业人员的安全知识和专业知识培训，增强全员安全意识，提高员工技术素质和专业化管理水平；在公司范围内对提升设备、设施、钢丝绳进行系统的安全系数校核，严禁超负荷运行；配备钢丝绳探伤仪等专用检测工具，固定专人加强对钢丝绳的日常检查工作，及时发现事故隐患；加强对钢丝绳的维护保养、涂油防锈工作，及时对钢丝绳进行剁头处理；加强提升信号安全管理，明确各中段专职信号工，确保提升系统安全运行；加强对作业现场的安全管理，下大力教育和督促从业人员严格遵守安全规章制度和安全操作规程，杜绝违规、违章作业，防止类似事故的发生。

（2）各级安全生产监管职能部门要按"属地管理"原则认真履行职责。增强安全生产监管工作的责任感和紧迫感，加大监管力度，建立隐患排查治理长效机制，及时发现问题并督促整改；同时要配备一定的专业技术人员加强对重要设施设备的专业监管和指导，下大力督促企业落实安全生产主体责任，确保安全生产。

（3）灰山港镇人民政府要高度重视安全生产工作。组织、协调和督促相关职能部门切实履行职责，加强日常安全监管，落实安全生产目标管理责任，加大安全监督检查力度，督促企业落实安全生产主体责任，扎实开展"非煤矿山隐患排查治理"专项行动，切实保护从业人员生命安全。

（4）桃江县人民政府要深刻吸取"9·1"事故教训。要充分认识当前安全生产形势的严峻性，以高度的政治责任感，进一步加强对安全生产工作的领导，提高思想认识，按照《桃江县安全生产监督管理职责规定》落实各级工作职责，加大安全生产隐患排查治理力度，确保安全生产工作落到实处。

📝 一案五问一改变

1. 我对该事故的最深感触是什么？

2. 如果该事故中暴露的问题就出现在我身边，我该怎么办？

3. 如果该事故就发生在我身上，我的亲人和朋友会如何？

4. 我从该事故中汲取了什么教训？

5. 学习事故案例后我最想对同事和亲人说什么？

为避免同类事故，在今后的工作中我将做出以下改变：

贵州省六盘水市新窑乡个体采石场 "9·6" 特别重大滑坡事故案例①

2001 年 7 月 30 日，山下村村民开采的 4 个工作面发生特大岩体坍塌事故，造成 28 人死亡。

一、事故经过

2001 年 9 月 6 日，采石场老板李某国、李某凯带 15 人上班作业，一农用车驾驶员到采石场运石料。16 时 45 分，山体突然滑坡，除一人离开工地打水幸免于难，李某钢和一名小工受伤外，熊某文等 15 人在事故中遇难。事故发生后，市、区党委、政府的领导和有关部门的负责人立即赶赴现场组织指挥抢险，省委领导要求要全力以赴做好抢险工作，副省长率省有关部门的领导于 24 时赶到现场指挥抢险，国家安全生产监督管理局也派有关负责人次日赶赴现场组织指导抢险。在积极组织事故抢险的同时，成立了由省经贸委牵头组成的省市联合调查组，对事故进行全面认真的调查。

二、事故原因

（一）直接原因

（1）关种田大坡岩层组合层面有 2 ~5 mm 泥岩软弱夹层，且溶蚀裂隙发育，雨水入浸，降低泥岩夹层的抗剪强度。

（2）大坡顺向坡一侧的坡脚地带，在修路和多年的采石场开采过程中，形成一定放坡角度的临空面，大坡两侧采石作业，破坏了整个滑坡体的暂时稳定，酿成滑坡事故。

---

① 资料来源：晋中市应急管理局. 贵州省六盘水市新窑乡个体采石场 "9·6" 特大滑坡事故 . (2018 – 08 – 08)［2023 – 06 – 21］. https：//yjglj. sxjz. gov. cn/fmjg/content_241138.

（二）间接原因

（1）该采石场无证非法开采，并违反乡镇露天矿场安全生产的规定。没有按规范进行开采，破坏了山体的平衡。不执行乡政府的停产通知，违规冒险作业。

（2）特区矿管部门对该采石场无证非法开采滥采滥挖制止不力，当新窑乡政府将该采石场办证的申请送上来后近五个月，直到事故发生，没有到采石场检查，也不采取措施对无证非法开采的行为予以制止。

（3）鸭塘村未落实安全生产"包保"责任制，对无证非法开采未采取措施予以制止。

（4）乡派出所在爆破物品管理上审查把关不严，致使无证采石场购买到火工产品，水泥厂购买无证采石场的产品，使该采石场得以继续生产。

（5）新窑乡政府在安全检查中发现该采石场属无证非法开采，违规冒险作业，制止不力。

（6）特区政府对乡镇采石场安全生产重视不够，督促检查不力，致使该采石场无证开采的现象长期存在。

三、责任追究

经事故调查认定，本次事故是一起重大责任事故，依规依纪依法对9名相关责任人员进行追责问责。李某国、李某凯违法无证开采砂石，违反乡镇露天矿场安全生产的规定，未按规范进行开采，不执行乡政府停产通知，对此次事故的发生负有直接责任，建议司法机关依法追究李某国、李某凯二人的刑事责任，鉴于李某凯已在事故中死亡，免于追究。李某祥，特区地矿局业务股副股长（主持工作），在收到关种田大坡采石场的办证申请近五个月内，不向局领导汇报，也没有到现场检查和采取措施制止无证开采，对此次事故负有主要管理责任，建议给予行政记过的处分。赵某禄，特区地矿局分管副局长，执行《中华人民共和国矿产资源法》不力，督促检查不到位，对此次事故负有管理责任，建议给予行政警告处分。李某祥，鸭塘村党支部书记，对辖区内安全生产工作不重视，未认真履行安全生产"包保"责任制，却在无证非法采石场任放炮工，对此次事故负有重要管理责任，建议按程序给了留党察看一年的处分。潘某峰，乡派出所所长，在爆破物品管理上，把关不严，对此事故负有责任，建议责令其写出书面检查，并全区通报批评。新窑乡政府对无证非法开采砂石制止不力，措施不到位，手段不强硬，乡长杨某波对此事故负有领导责任，建议给予行政警告处分。安某，新窑乡原分管副乡长（9月3日调走），未认真履行安全生产责任制和安全生产"包保"责任制，对无证非法开采砂石制止不力，对此次事故负有领导责任，建议给予行政警告处分。六枝特区第二建筑公司水泥厂，向无证采石场购买石灰石，对此事故负有连带责任，建议六盘水市有关部门按规定对其给予经济处罚。六枝特区政府对乡镇采石场安全工作重视不够，监督检查不力，副区长张某国对此事故负有领导责任，建议写出书面检查。

四、防范措施

（1）对关种田大坡采石场依法予以取缔和关闭。

（2）六枝特区要按照《省人民政府办公厅关于进一步加强非煤矿山和采石场安全生产工作的紧急通知》的要求，提高认识，切实抓好非煤矿山和采石场整顿治理和安全生产工作。

（3）加强持证合法矿山的安全监督管理，指导矿山企业按章组织生产，对企业存在的隐患要协助并督促企业限期整改，做到不安全不生产。

（4）要进一步加大《中华人民共和国矿山安全法》《中华人民共和国矿产资源法》等国家有关安全生产的法律法规的宣传力度，提高广大人民群众依法办矿的法律意识和安全意识，做到自我约束，遵纪守法。

（5）请六盘水市政府督促六枝特区政府认真吸取事故教训，切实落实安全生产责任制和安全生产"包保"责任制，按照《六枝特区非煤矿山整顿治理方案》，加强非煤矿山及采石场的安全生产和整顿治理工作，坚决取缔无证非法采矿行为，规范采矿秩序和开采工艺，防止类似事故的发生。

一案五问一改变

1. 我对该事故的最深感触是什么？

2. 如果该事故中暴露的问题就出现在我身边，我该怎么办？

3. 如果该事故就发生在我身上，我的亲人和朋友会如何？

4. 我从该事故中汲取了什么教训？

5. 学习事故案例后我最想对同事和亲人说什么？

为避免同类事故，在今后的工作中我将做出以下改变：

湖南有色金属股份有限公司黄沙坪矿业分公司"9·8"冒顶片帮事故案例[①]

2015年9月8日12时30分，湖南有色金属股份有限公司黄沙坪矿业分公司−136 m中段石门11WM（1—1）采场作业面发生1人冒顶片帮死亡事故，造成直接经济损失125万元。

一、事故经过

9月8日早上7时，风钻工大工胡某江和小工蒋某一起进班，他们先来到−96 m中段井下炸药库领取炸药雷管，后从三号竖井来到−136 m中段，8时30分左右，两人到达石门11WM（1—1）采场事故地点，大工胡某江、小工蒋某先检查作业地点照明良好，开始通风、洒水并排险，后打了约14个大块解炮眼，11时左右开始打顶板炮眼，到12时20分左右，胡某江打好二个炮眼，第三个炮眼打了约2 m时，由于该采场地质条件复杂，断层裂隙发育，作业地点附近受打眼震动影响顶板产生了少量新的松石。此时由于胡某江已将第三个炮眼已打好近2 m，不需蒋某扶钎，就安排蒋某处理在风钻作业点附近约3 m左右的顶板松石，由于蒋某取下的松石掉落后将风水管砸断，胡某江停止风钻作业，蒋某就从采场的采一作业点往采二人行天井方向去关风水管总闸后再处理采场被砸断的风水管，蒋某刚走到距采二联络巷前不到2 m的位置，胡某江听到"哗"的一声响，采场采二联络巷方向因垮落后扬起大量粉尘，胡某江立即大声叫喊蒋某，蒋某没有回应，胡某江沿着采场边邦过去查看，看到采二联络道巷口有一顶矿帽，蒋某倒在采二联络道附近，头朝巷口，身体除头和右臂外，其他部位均被

---

① 资料来源：郴州市人民政府. 湖南有色金属股份有限公司黄沙坪矿业分公司"9·8"冒顶片帮事故调查报告. (2016−10−12) [2023−06−26]. http：//www.czs.gov.cn/html/zwgk/ztbd/11819/11856/11870/11874/content_2878795.html.

上百公斤大小不一的矿石掩埋,胡某江发现蒋某已停止呼吸,就立即下到 -136 m 采场运输平巷,通知了在斗2放矿作业的赖某华、赖某超、张某清去石门 11WM（1—1）采场值班室向公司和项目部电话报告。

二、事故原因

（一）直接原因

（1）事故采场作业人员缺乏顶板安全隐患辨识及处置能力,在进行风钻作业时观察到采场顶板有碎渣掉落而将导致大面积冒顶的预兆情况时,没有立即撤离现场而继续作业。

（2）风钻工胡某江、蒋某违章开展平行作业,在进行风钻作业的同时还进行排险作业,在风水管被排险落下的松石砸断后,蒋某为处理风水管,违章从作业区顶板松石危险区域通过。

（3）-136 m 中段石门 11WM（1—1）采场地质条件复杂,顶板断层、裂隙发育,顶板稳定性差,且采场顶板松石隐患不易察觉,顶板受风钻凿岩和撬棍排险的震动、矿石重力影响,矿石与顶板岩石的摩擦力小于矿石的重力而冒落。

（二）间接原因

（1）现场安全监管不到位,顶板管理不善。大面积顶帮不稳固的安全隐患靠一般"敲帮问顶"的方法难以检查和发现,相关安全生产管理人员在本起事故中没能及时发现和掌握岩层的变化,对顶板存在断层、裂隙发育的情况未引起重视和警觉,并指派专人负责检查、监护和鉴定。

（2）生产技术政策落实和监督管理不到位。事故采场采准设计、回采设计和审核把关不严,采场设计顶板管理安全技术措施内容空泛,不具可操作性,技术人员对作业现场的监督检查落实不到位。

（3）安全培训教育不到位。对员工所在岗位的安全隐患识别和处置能力、个人安全防范技能教育不够。

三、责任追究

（1）蒋某,温州二井建设有限公司黄沙坪项目部风钻工,在事故采场已经出现大面积冒顶片帮预兆的情况下,没有及时停止作业或者在采取可能的应急措施后撤离作业场所,仍违章在危险区域进行平行作业和风水管维修作业,最终导致事故发生,对事故的发生负有直接责任,鉴于其已在事故中死亡,建议免予追究责任。

（2）温州二井建设有限公司黄沙坪项目部生产队长、公司六采矿场技术员、公司六采矿场副主任、公司六采矿场支部书记、公司六采矿场主任、公司生产技术部采矿技术员等依法给予党纪政纪处分。

（3）湖南有色金属股份有限公司黄沙坪矿业分公司，对事故发生负有责任，根据《中华人民共和国安全生产法》第一百零九条的规定，由郴州市安全生产监督管理部门依法给予30万元罚款的行政处罚。

四、防范措施

（1）公司必须认真吸取"9·8"冒顶事故的教训，加强督促公司主管及安全生产管理人员履行职责，全面开展定期与不定期的安全隐患检查，及时排查和消除各类安全隐患。

（2）加强顶板安全管理，对各作业现场的顶板进行一次全面检查和鉴定，认真执行顶板分级管理制度，对顶板不稳固的采场，应有监控手段及处理措施。

（3）加强对采掘技术政策的贯彻落实，各项生产作业必须严格按照采掘技术政策要求执行，并严格把关，加强管理考核力度。

（4）要严格用工管理，针对非煤矿山从业人员中农民工多、流动性大、人员安全技能低的特点，严格执行全员安全教育培训制度，提高安全意识，提高辨识和排除各类风险的能力。

（5）认真落实金属非金属地下矿山企业领导带班下井制度，生产矿山要严格执行24 h值班和领导干部带班制度，保证一名领导干部在岗带班，所有值班人员必须坚守岗位，尽职尽责。

一案五问一改变

1. 我对该事故的最深感触是什么？

2. 如果该事故中暴露的问题就出现在我身边，我该怎么办？

3. 如果该事故就发生在我身上，我的亲人和朋友会如何？

4. 我从该事故中汲取了什么教训？

5. 学习事故案例后我最想对同事和亲人说什么？

为避免同类事故，在今后的工作中我将做出以下改变：

10月

湖南省冷水江市锡矿山闪星锑业有限责任公司南矿"10·8"重大提升系统罐笼蹾罐事故案例①

2009 年 10 月 8 日 9 时 15 分，锡矿山闪星锑业有限责任公司南矿二直井提升系统发生一起重大罐笼蹾罐生产安全事故，造成 26 人死亡，5 人重伤，直接经济损失 1043.79 万元。

一、事故经过

2009 年 10 月 8 日 8 时许，早班提升机司机刘某军进入机房与上班的两名司机进行了简单的交接班，此时，当班的另一司机罗某晖（女）因事还未进入机房上班，8 时 30 分左右，罗某晖赶到机房，刘某军开始操作，罗某晖在旁监视。提升罐笼上下升降两次时，刘某军凭经验感觉到液压站油压上升较慢，觉得有点不正常，就去维修班喊检修工检查，恰好在路上碰到了机械维护工杨某彪。向杨某彪说明情况后，杨某彪一同跟着刘某军进入了机房。杨某彪让刘某军操作了一次，认为刘某军所讲属实，这时，机械维护班长刘某云也来了，杨某彪在液压站旁调试，刘某云在操作室里休息，过了一会，刘某云跑到机房外面接听手机，等打完电话进来时，杨某彪还在调试，这时，另一机械维护工李某也到了机房，很快，调试工作结束，杨某彪等 3 名机械检修人员从机房走了出来，刘某军又开始操作提升机，罐笼上下了 6 次。约 9 时 15 分，15 中段处的信号工打来电话，该中段还有 4 人需要升井，此时，固定卷筒侧罐笼停于井口，游动卷筒侧罐笼停于井底。当刘某军将游动卷筒操作至 15 中段（距井底约 180 m）处上了 4 人，此时固定卷筒侧罐笼内乘 27 人停于 7~9 中段之间（距井底约 325 m），接到开车信号后，由刘某军继续操作开车，此时游动卷筒侧罐笼向上运行，固定卷筒侧罐

① 资料来源：晋中市应急管理局. 湖南省冷水江市锡矿山闪星锑业有限责任公司南矿"10·8"提升系统罐笼蹾罐重大事故. (2018 – 07 – 30)［2023 – 06 – 21］. https：//yjglj. sxjz. gov. cn/fmjg/content_239866.

笼向下运行。提升机在运行过程中发生调绳离合器脱离（调绳离合器齿块与游动卷筒内齿圈脱离），造成游动卷筒与主轴脱离，失去动力，提升机变成单筒（固定卷筒）提升。游动卷筒侧罐笼失去控制后由上升转变为向下运行，同时固定卷筒侧罐笼由于失去游动卷筒侧的平衡力导致负力突增，加速向下运行。刘某军发现卷筒运转异常后立即采取刹车措施。此时，在罐笼与钢丝绳重力作用下，两个卷筒分别超速转动，制动器所产生的制动力矩不足以制动住超速下行的罐笼，由于两个罐笼在下行过程中，两根钢丝绳始终处于受力状态，致使防坠器不能发生作用。游动卷筒侧罐笼先超速滑行至井底，随后固定卷筒侧罐笼也超速滑行至井底，两根钢丝绳相继从卷筒固定绳端处拔出并全部坠入井底，两个罐笼损坏，发生蹾罐事故，造成26人死亡，5人重伤。

二、事故原因

（一）直接原因

（1）调绳离合器处于不正常啮合状态，闭合不到位，调绳离合器的联锁阀活塞销不在正常闭锁位置，无法实现闭锁功能，提升机在运行过程中，游动卷筒内齿圈轮齿对调绳离合器齿块产生的向心推力，通过已倾斜的连板推动移动毂，导致提升机在运行过程中调绳离合器脱离，造成游动卷筒与主轴脱离，失去控制，罐笼和钢丝绳在重力等因素的作用下，带动卷筒高速转动，迅速下坠。

（2）事故状态下制动器所产生的制动力矩不足以制动超速下行的罐笼。事故过程中，两侧罐笼分别在自重和钢丝绳的重力作用下，使得卷筒高速转动，制动器所产生的制动力矩不足以制动超速下行的罐笼。

（3）提升机超员提升，造成人员伤亡扩大。根据事故单位提供的《机械设备维护规程》（1984年版），每个罐笼核定乘载24人，但事故罐笼井口标注定员为28人，事发时固定卷筒侧罐笼乘载27人。

（二）间接原因

1. 南矿

（1）设备维护不善。制动盘漏油问题未及时维修和清理；调绳离合器联锁阀锁紧销不能正常回位，未及时组织修复，导致闭锁功能失效；调绳油缸行程开关实际安装位置不准确，导致调绳时无法准确指示离合器的离合状态。

（2）技术管理不到位。事故单位曾经发生过因制动器制动力矩不足引起的事件，未引起技术管理部门的足够重视；提升设备高速轴上保险闸拆除后，未对提升系统制动力矩进行校核并指导实施。

（3）设备管理不完善。管理人员对提升设备的关键部位检查不到位，日常综合安全检查、周检、日检、点检都流于形式、浮在表面,发现的隐患和问题也未及时整改到位;盘形制动器漏油问题,维修人员已多次向上级管理部门反映,未予及时解决;调绳和维修管理混乱,提升机检修记录不全、管理缺位、检修后无验收,关键部位离合器联锁阀锁紧销和制动盘油污等处存在严重问题却无人检查把关。

(4)企业安全生产意识淡薄。2009年年初以来至国庆节前夕,政府及有关部门多次对国有控股企业安全生产作出了周密部署和安排,特别是国庆节前,省安监局明文要求证照过期非煤矿山企业不得组织生产,彻底排查安全隐患,但事故企业隐患排查不彻底,并在国庆期间10月6日开始擅自组织生产。

2. 闪星锑业公司

(1)对提升机等关键系统和设备的技术改造未严格执行国家有关提升设备的技术规范,致使该提升系统技术改造资料不全,调绳液压管路连接与原洛阳矿山机械研究所提供的说明书中液压站原理图不符。

(2)对南矿提升系统曾经发生过因制动力矩不足刹不住车的问题未引起足够的重视,未从技术、管理等方面作全面的分析排查,采取的整改措施针对性不强。

(3)对南矿二直井提升系统存在的安全隐患没有及时发现,检查督查力度不够;对设备的检查、维修、点检要求不严;对员工安全教育培训不到位;对安全生产有关制度督促落实不够。

(4)未认真落实省安委会《关于开展全省安全生产大检查确保国庆期间安全稳定的通知》要求,在安全生产许可证过期的情况下,仍在国庆期间组织生产。

3. 湖南有色金属控股集团

(1)督促其下属企业锡矿山闪星锑业有限公司落实安全生产主体责任不到位,对其下属企业锡矿山闪星锑业有限公司安全隐患排查整改工作督促不力。

(2)贯彻落实省安委会《关于开展全省安全生产大检查确保国庆期间安全稳定的通知》有关要求不到位,在闪星锑业公司安全生产许可证过期的情况下,未采取有效措施督促其停止生产。

4. 娄底市安监局

未认真履行对闪星锑业公司安全生产的属地监管职责,对其落实安全责任、排查安全隐患以及矿山提升系统安全管理工作督促不力。

三、责任追究

经事故调查认定,本次事故是一起设备、技术、管理重大责任事故,依规依纪依法对26名相关责任人员进行追责问责。其中,南矿机电工区维修工、南矿机电工区当班提升机司机、南矿机械维修班班长、南矿当班提升机司机、南矿机能科科长工程师、南矿机电工区副区长等 7 人被移送公安机关依法追究刑事责任。南矿调度安全科科长、南矿机电工区党支部书记、南矿机电工区区长、南矿生产副矿长、南矿机电副矿长、南矿党委书记兼工会主席、南矿矿长、闪星锑业有限责任公司计划调度机能部机械组组长、安全环保部副部长、安全环保部部长、计划调度机能部部长、机械技术带头人、党委委员副总经理、党委委员副总经理兼总工程师、党委书记兼副董事长、董事长总经理党委副书记、湖南有色控股集团企业管理部和安全环保部部长、湖南有色控股集团副总经理、娄底市安监局副调研员监管二科科长等 19 人给予政纪、党纪处分。

闪星锑业有限责任公司处 200 万元的罚款；闪星锑业有限责任公司南矿责令停止生产，限期补办延期手续，并处 10 万元的罚款；锡矿山闪星锑业有限责任公司董事长总经理处 2008 年度年收入 60％的罚款，南矿矿长处 2008 年度年收入 60％的罚款。

四、防范措施

（1）闪星锑业公司应立即对公司所有双卷筒提升设备进行系统校核和整改。增加提升设备安全保护措施（如在调绳离合器液压管路上增加截止阀，增加机械联锁装置，增加电气保护装置等），确保提升设备安全可靠运行；事故提升系统必须经有相应技术水平的单位进行系统校核、整改并经有资质单位检测检验合格后方能投入使用。

（2）闪星锑业公司应切实强化重要设施设备安全技术管理。重要设施设备的技术改造必须严格按照相关规程、规范和标准的要求进行，必须由具有相关资质单位进行规范、系统的技术改造设计，并由具备相应资质的专业队伍组织实施；针对专业性强、技术含量高、危险性较大的设备（如提升机等），要配备齐全专业技术人员，切实加强特种设备操作人员、维修人员的安全知识和专业培训。

（3）闪星锑业公司应立即全面开展隐患排查整改工作。认真按照有关规程规范要求，严肃查处各类冒险作业、违章操作和违章指挥的行为，重点查处各类习惯性违章行为；全面梳理各项安全管理制度中存在的漏洞和不足，更新和完善有关安全管理措施；加大教育培训工作力度，提高员工技术素质和专业化管理水平。

（4）湖南有色控股集团应采取有效措施，落实集团及下属企业安全生产责任主体的责任，健全和完善安全管理机构，及时配备专职安全管理人员，建立完善安全生产约束机制，督促下属企业抓好安全生产工作。

（5）安全监管部门应按"属地监管"原则进一步落实日常责任，同时要配备一定的专业技术人员加强对重要设施设备的专业监管和指导。

（6）建议国家有关部门将提升系统调绳离合器闭锁要求修订入相关检测检验规范和矿山安全规程。

一案五问一改变

1. 我对该事故的最深感触是什么？

2. 如果该事故中暴露的问题就出现在我身边，我该怎么办？

3. 如果该事故就发生在我身上，我的亲人和朋友会如何？

4. 我从该事故中汲取了什么教训？

5. 学习事故案例后我最想对同事和亲人说什么？

为避免同类事故，在今后的工作中我将做出以下改变：

四川省雅安市宝兴县陇东镇宇通矿山"10·18"特别重大岩体垮塌伤亡事故案例①

2004年10月18日上午11时40分，四川省宝兴县宇通石材有限责任公司发生特大岩体垮塌事故，造成死亡14人，受伤9人（其中：重伤2人），直接经济损失200余万元。

一、事故经过

2004年10月18日，矿上安排了28人在锅圈岩小沟（距岩体垮塌处约100 m内）的沟心沿沟分段作业，分别是4个作业点，第一作业点5人，第二作业点7人，第3、4作业点分别为8人，用凿岩机打眼切割石材。11时40分左右，北面坡突然发生岩体垮塌，垮塌物沿斜坡向下推移产生大量滚石和岩渣，造成9人当场死亡，5人失踪，9人受伤（其中2人重伤）。据专家现场勘测，垮塌岩体呈一楔形，呈近东西走向，长约52 m，高约80 m，垮塌物在锅圈岩小沟内沿斜坡呈扇形散布堆积，斜长约100～150 m，扇形底宽40 m，堆积体最厚约5 m，估算堆积物3000～5000 m³。

二、事故原因

（一）直接原因

矿山开采爆破作业违反了《建材矿山安全规程》的规定，未采用自上而下的台阶作业，实施的是不再采用的危险陡壁硐室爆破开采方式，且爆破没有按照《爆破安全规程》进行爆破设计，也无施工作业方案。该公司在北坡（垮塌部位）曾实施过两次硐室爆破：2003年10月在北坡中上部实施一次硐室爆破（主

① 资料来源：晋中市应急管理局. 四川省雅安市宝兴县陇东镇宇通矿山"10·18"特大岩体垮塌伤亡事故. (2018–08–08) [2023–06–22]. https://yjglj.sxjz.gov.cn/fmjg/content_241138.

硐长 40 m，加辅硐长约 60 m），用药量 4 t 左右，爆下矿岩约 1000 ~ 2000 m³；2004 年 9 月 29 日又在北坡山腰部（坡高约 80 m，离坡底约 40 m）东侧违规硐室大爆破（主硐室已穿过矿体，主硐长 37.4 m），用药量 2.4 t，爆破矿岩量比预想得大，对岩体原有裂隙扩张产生直接或间接影响，造成岩体垮塌，是这次事故发生的直接原因。

（二）间接原因

（1）矿山建设的安全设施建设未执行"三同时"规定，未形成台阶，造成开采中留下隐患。

（2）技术管理人员水平低，对岩体节理、裂隙的组合特征缺乏认识，且监测手段缺乏。

（3）矿山的安全机构和人员的设置未达到规定要求。矿山技术负责人由矿长兼任，全矿虽有三人持有安全员资格证，却只有一人从事安全工作，且兼任炸材管理员、库房材料管理员、生活资料管理员等多项工作，安全职责不落实。

（4）在实际已存在潜在威胁的工作面，安排几十人，在 80 多米高的坡底，沿 100 多米的沟内违章冒险作业。

（5）矿山违规储存、购买和使用炸药。按宝兴县国土、公安和安监 3 部门联合下发的《关于严格控制矿山大型爆破的通知》（宝地矿发〔2001〕17 号）有关规定，企业库存炸药不得超过 500 kg，当爆破出药量超过 500 kg 时，必须报批。据查，9 月 27 日，矿山库存胺磺炸药达 1640 kg，9 月 29 日爆破装药达 2.4 t，没有报有关部门批准。9 月 27 日和 10 月 3 日宇通矿山先后在陇东镇炸药仓库购买的 1.5 t 胺磺炸药，手续不全。

（6）县公安部门内部对民爆物品的回收管理不严。陇东派出所在手续不全的情况下，将四川宝兴山亿矿业有限公司退回陇东镇库房的炸药处理给宇通矿山。

（7）雅安市有关部门和宝兴县政府及相关部门对雅安金鸡关垃圾场发生的"9·30"垮塌事故，造成 3 人死亡、4 人失踪未引起足够的重视，对非煤矿山安全生产工作重视不够，隐患排查不彻底，督促整改不力，特别是对违规的开采方式失察。市、县有关领导和有关职能部门在矿山安全检查中有的已发现，并研究制定了整改措施，但监督和落实整改不力。对县、乡两级安全监察人员的选配不合理，安全监管装备投入不到位。

三、责任追究

经事故调查认定，本次事故是一起违规爆破和违章作业造成的特大责任事故，依规依纪依法对 15 名相关责任人员进行追责问责。其中，宇通公司矿山矿长兼技术负责人（股东之一）、宇通公司总经理（股东之一）等 2 人涉嫌构成重大事故责任罪，依法追究刑事责任；宇通公司董事长（股东之一）对个人处40000 元的处罚。安全管理员兼炸材管理员、库房保管、生活物资管理员被吊销其安全管理员资格证书，处罚款 2000 元。宇通公司后勤部经理（矿山炸材采购员，股东之一）被公安机关给予治安拘留处罚；宝兴县陇龙镇派出所所长、宝兴县陇东镇党委副书记镇长、宝兴县国土资源局副局长、局长、县安监局局长、副县长、县委副书记县长、雅安市安监局局长等 8 人被给予行政处分。宇通公司被处以罚款 15 万元。

责成雅安市人民政府向省人民政府写出书面检查。

四、防范措施

（1）要始终坚持"安全第一、预防为主"的方针，全面实践"三个代表"重要思想，坚持"以人为本、关爱生命"的基本原则，狠抓安全工作。

（2）要依法办矿，采取措施，增加安全投入，要注重安全机构的建设和人员的配备。

（3）要加强矿山爆破作业管理。按照《民用爆炸物品管理条例》规定，矿山爆破作业必须有设计和作业规程，并按有关规定报批。有防止危及人身安全和中毒窒息的安全预防措施，并须加强爆炸物品的购买、运输、储存、使用和清退等各环节的管理工作。

（4）要加强隐患的监测监控和整治工作，特别是对露天边坡和重要地质因素的管理。剥离和采矿工作面上有浮石或危岩时，禁止在边帮和台阶坡底部作业、休息和停留。必须要对露天开采边坡岩体的工程地质条件进行详细调查，弄清危及生产安全的构造情况；要对露天开采边坡进行彻底治理，清除边坡上的危岩，确保达到安全生产条件；要彻底改变现有开采工艺，将陡壁硐室爆破改为自上而下的组合台阶机械切割法开采，或分台阶控制爆破开采。

（5）雅安市和宝兴县人民政府以及各级安全监督管理部门要高度重视和加强非煤矿山的生产安全管理。要严格按天然饰面石材开采技术规程管理矿山生产。

（6）该区域仍存在重大地质灾害隐患，根据《地质灾害防治条例》的有关要求，县级以上人民政府应在主要区域划出危险区，设置警示标志，待隐患消除后予以解除。

 一案五问一改变

1. 我对该事故的最深感触是什么?

2. 如果该事故中暴露的问题就出现在我身边,我该怎么办?

3. 如果该事故就发生在我身上,我的亲人和朋友会如何?

4. 我从该事故中汲取了什么教训?

5. 学习事故案例后我最想对同事和亲人说什么?

为避免同类事故,在今后的工作中我将做出以下改变:

河池市南丹庆达惜缘矿业投资有限公司
"10·28" 重大矿山坍塌事故案例①

2019 年 10 月 28 日，河池市南丹庆达惜缘矿业投资有限公司大坪村矿区锌银铅锡铜矿 2 号斜井井下通往相邻铜坑矿已封闭冒落带区域发生坍塌事故，造成 2 人死亡，11 人失联。

一、事故经过

2019 年 10 月 28 日 16 时左右，洪锌矿业理事长陆某柳、施工队包工头段某福，包工头韦某拔、技术员杨某袱和工人覃某盛，带领有投资意向的湖南老板李某兵和周某生，桂平老板欧某建和莫某银，新招募的工人姜某有和黄某，由大坪矿 2 号斜井下井，到越界违法区域的五中段东二面斜井下的工作面实地考察。洪锌矿业理事长韦某梯和施工队包工头唐某、作业班长牙某福等 3 人，由庆达公司大坪矿 2 号斜井下井，到准备采矿的越界违法区域五中段东二面 445 m 平巷作业面查看作业环境。

韦某梯、唐某和牙某福 3 人到五中段东二面 445 m 平巷作业面查看了 10 min 左右后，由于环境温度较高，退回到来时巷道边上的斜巷休息。3 人走到局部通风机旁时，遇到了段某福一个人坐在那里。4 人聊了一会，牙某福为了不打扰韦某梯等人继续聊天，就一个人往外走。牙某福刚刚走出 10 m 左右，突然一股强大的气流夹着石头和沙子从其背后冲出来。牙某福想转身往韦某梯等人的方向跑，但气流比较强大，直接把牙某福冲出了七八米远，头上矿灯、矿帽都被吹走。巷道里的灯全部熄灭。慌乱中牙某福抱住一根用作支护的铁轨才停下来。身后传来一

① 资料来源：广西河池市人民政府. 河池市南丹庆达惜缘矿业投资有限公司 "10·28" 矿山坍塌重大事故调查报告. (2021 - 01 - 06) [2023 - 06 - 25]. http://www.hechi.gov.cn/xxgk/zdlyxxgk/qtzdxxgk/aqscxx/aqsgdcbg/t10036685.shtml.

阵阵隆隆的响声，牙某福判断是里面塌方了。

10月28日19时许，井下带班副矿长王某富根据幸存者牙某福的描述，估计有十几人被困，立即安排安全员吴某福组织工人查看，并用井下直通电话向井上的副矿长卢某树、安全科长莫某宇报告，要求带一些管理人员下井处理。

吴某福等人到达五中段东二面发现巷道坍塌，有一名人员被落石压中，呼喊救命，施救中被压人员死亡。因情况不明，吴某福等人停止施救，退回安全地带，用井下电话向矿部汇报情况。卢某树、莫某宇等人先后带领10多名工人到井下参与施救，在事发点找到一些扒石头的工具，清理碎石。清理过程中，发现另外一名死者。卢某树等人将两具尸体（经事后辨认和DNA鉴定，为韦某梯和陆某柳）清理出来后，因落石太多，环境较差，没有继续救援，将两具尸体带到平巷入口。10月29日7时左右遇到下井救援的广西矿山救援大队华锡中队。此后，现场救援工作由专业救援队接管。

二、事故原因

（一）直接原因

铜坑矿已封闭的采空区冒落带范围内的445 m水平二盘区北面的Ⅴ号盲空区顶板岩体发生大面积冒落、坍塌，导致从庆达公司大坪矿2号斜井进入越界违法区域的人员受到冲击波伤害以及石块掩埋。

（二）间接原因

（1）庆达公司长期越界盗采。2014—2019年，庆达公司大坪矿多次进入铜坑矿91号矿体采空区充填体上部采空区与Ⅴ号盲空区之间的冒落带影响区域内盗采矿产资源，2次被原国土资源管理部门查处，仍拒不执行退回合法区域开采的指令，继续实施盗采。

（2）庆达公司违法违规发包井下施工。违法违规将矿山井下施工发包给不具备矿山工程施工资质的单位，组织施工单位在采空区危险冒落带影响区域乱采滥挖；弄虚作假、躲避政府部门监管。

（3）庆达公司民用爆破物品管理、安全生产管理混乱。将通过合法途径购买的民用爆破物品分发给没有爆破作业资质的施工队。未对大坪矿各承包单位统一协调、管理，放任承包单位自行其是，入井管理混乱，安全生产教育培训流于形式。

（4）市县政府有关部门监管工作不力。南丹县矿业秩序综合治理整顿指挥部办公室治理整顿矿业秩序工作不力。南丹县自然资源局（原南丹县国土资源局）2018年对庆达公司大坪矿第二次越界开采铜坑矿矿产资源违法行为调查不深入，针对该矿两次发生越界开采违法行为，未采取有效措施加强对该矿山的监督管理。河池市自然资源局对庆达公司大坪矿提交的矿山资源储量动态检测报告审查不严，对报告失实问题失察，没能及时发现越界开采违法行为。南丹县公安局对爆破作业单位监督检查不到位，对井下民用爆炸物品监管缺失，未发现庆达公司大坪矿长期以来违法爆破作业行为。河池市、南丹县应急管理局（原安全生产监督管理局）多次对庆达公司大坪矿进行执法检查，未能发现庆达公司将大坪矿矿山井下施工违法发包给不具备资质的单位和个人，安全生产教育培训缺失等问题。

（5）南丹县委、县政府安全生产领导责任落实有差距。未有效监督相关部门认真履行监管职责。对相关部门一直没能查明铜坑矿 2017 年以来多次报告其井下听到不明炮声的具体原因的问题，没有采取有力措施解决；对有关执法部门查处庆达公司越界开采违法行为存在"宽松软"问题未能及时发现，未有效根治庆达公司越界开采违法行为。

三、暴露问题

（1）庆达公司长期越界盗采。2014—2019 年，庆达公司大坪矿多次进入铜坑矿 91 号矿体采空区充填体上部采空区与 V 号盲空区之间的冒落带影响区域内盗采矿产资源，2 次被原国土资源管理部门查处，仍拒不执行退回合法区域开采的指令，继续实施盗采。

（2）庆达公司违法违规发包井下施工。违法违规将矿山井下施工发包给不具备矿山工程施工资质的单位，组织施工单位在采空区危险冒落带影响区域乱采滥挖；弄虚作假、躲避政府部门监管。

（3）庆达公司民用爆破物品管理、安全生产管理混乱。将通过合法途径购买的民用爆破物品分发给没有爆破作业资质的施工队。未对大坪矿各承包单位统一协调、管理，放任承包单位自行其是，入井管理混乱，安全生产教育培训流于形式。

（4）市县政府有关部门监管工作不力。南丹县矿业秩序综合治理整顿指挥部办公室治理整顿矿业秩序工作不力。南丹县自然资源局（原南丹县国土资源局）2018 年对庆达公司大坪矿第二次越界开采铜坑矿矿产资源违法行为调查不深入，针对该矿两次发生越界开采违法行为，未采取有效措施加强对该矿山的监督管理。河池市自然资源局对庆达公司大坪矿提交的矿山资源储量动态检测报告审查不严，对报告失实问题失察，没能及时发现越界开采违法行为。南丹县公安局对爆破作业单位监督检查不到位，对井下民用爆炸物品监管缺失，未发现庆达公司大坪矿长期以来违法爆破作业行为。河池市、南丹县应急管理局（原安全生产监督管理局）多次对庆达公司大坪矿进行执法检查，未能发现庆达公司将大坪矿矿山井下施工违法发包给不具备资质的单位和个人，安全生产教育培训缺失等问题。

（5）南丹县委、县政府安全生产领导责任落实有差距。未有效监督相关部门认真履行监管职责。对相关部门一直没能查明铜坑矿 2017 年以来多次报告其井下听到不明炮声的具体原因的问题，没有采取有力措施解决；对有关执法部门查处庆达公司越界开采违法行为存在"宽松软"问题未能及时发现，未有效根治庆达公司越界开采违法行为。

四、责任追究

经事故调查认定，本次事故是一起有组织长距离非法越界进入相邻非本企业矿山已封闭的采空区盗采残矿，因采空区坍塌导致人员伤亡的重大责任事故，依规依纪依法对相关责任人员进行追责问责。其中，庆达公司法定代表人董事长犯非法采矿罪、重大责任事故罪，决定执行有期徒刑 7 年，并处罚金人民币 50 万元。庆达公司副总经理，涉嫌重大责任事故罪、非法采矿罪，决定执行有期徒刑 4 年 6 个月，并处罚金 40 万元。庆达公司副总经理犯重大责任事故罪，判处有期徒刑 1 年，缓刑 1 年 6 个月；个体户韦某克犯重大责任事故罪，判处有期徒刑 2 年。洪锌公司法定代表人总经理犯重大责任事故罪，判处有期徒刑 1 年 6 个月。中矿南宁分公司总经理犯重大责任事故罪，判处有期徒刑 8 个月，缓刑 1 年。庆达公司副总经理兼大坪矿矿长犯重大责任事故罪，判处有期徒刑 1 年 2 个月，缓刑 1 年 6 个月。庆达公司大坪矿常务副矿长犯重大责任事故罪，判处有期徒刑 1 年 8 个月。庆达公司安全科科长犯重大责任事故罪，判处有期徒刑 1 年 2 个月，缓刑 1 年 6 个月。庆达公司安全科副科长犯重大责任事故罪，判处有期徒刑 1 年 2 个月。中矿南宁分公司大坪项目部安全生产科副科长犯重大责任事故罪，判处有期徒刑 6 个月，缓刑 1 年。

对于在事故调查过程中发现的地方党委、政府及有关部门的公职人员履职方面的问题线索及相关材料，已由自治区纪委监委事故责任追究组收集。对有关责任单位、责任人员的处理意见，由自治区纪委监委提出；如涉嫌刑事犯罪，由纪检监察机关移交司法机关处理。南丹县人民法院一审判决，南丹庆达惜缘矿业有限公司犯非法采矿罪，判处罚金人民币 850 万元；没收违法所得人民币 25740392 元，上缴国库；没收尚未销售的原矿，依法处理所得价款，上缴国库。依法吊销大坪矿证照，由河池市人民政府督促依法予以关闭。

洪锌矿业无资质违法承包矿山井下工程实施越界开采，安排未经培训考核合格的人员上岗作业，由河池市应急管理局依法进行查处。

五、防范措施

（1）提高政治站位树牢安全发展理念。全区各地特别是河池市、南丹县要深刻领会习近平总书记关于安全生产重要论述和指示精神，进一步提高政治站位，切实提高抓好安全生产的政治自觉和责任自觉，牢固树立安全发展理念，坚决守住发展决不能以牺牲安全为代价这条红线，切实维护人民群众生命财产安全。要深刻汲取事故血的教训，真正在思想上警醒起来，行动上紧张起来，工作措施上强化起来，坚决落实安全生产属地监管责任和行业监管责任，督促企业严格落实安全生产主体责任，以极端负责的态度和扎实有力的举措，有效防范化解重大安全风险，做到守土有责、守土尽责。

（2）严肃整顿矿产资源管理秩序。全区各地要认真汲取事故教训，牢固树立新发展理念，强化红线意识和底线思维，坚决依法治理整顿矿产资源管理秩序。南丹县要对矿产资源进行合理规划，合理布局、规范开采，杜绝因非法采矿、边探边采、以采代探、越权发证、违法处置、乱采滥挖等矿业秩序混乱而引发的生产安全事故，促进地方矿业经济持续、稳定、健康发展。要加大矿山整合关闭力度，通过整合重组一批、改造升级一批、整顿关闭一批，坚决淘汰落后生产能力和不具备安全生产条件的矿山，切实把矿山数量压下来，把小、散、差的局面扭转过来，从根本上提高矿山安全保障能力。

（3）强化矿产资源开发利用监管。各级自然资源管理部门，要切实履行矿产资源开发监督管理职责，严肃查处各类违法违规行为。要加强采矿权动态监管，严格审查矿山资源储量动态检测报告，加强实地检查和抽查。对地下开采矿山进行全面排查，对以采代探的坚决依法取缔，对盗采、超层越界开采的要立即停产整顿并及时通报和曝光。对发现违法违规线索要深入调查，严厉处理，形成高压态势，严防同类事故发生。

（4）从严落实安全监管工作职责。公安机关要强化民用爆炸物品监管，加强矿山企业民用爆炸物品购买、运输、爆破作业等环节的安全监管，在保障企业合法需求的前提下严格民用爆炸物品行政审批，严格流向监控管理，严厉打击矿山企业违法违规使用、储存民用爆炸物品等行为。应急管理部门要加强安全生产监督执法，对矿山企业以包代管、包而不管等乱象重拳出击，从严追责，依法依规采取吊销证照、停产整顿、关闭取缔等措施，严厉打击违法违规行为。要全面系统排查全区非煤矿山重大安全风险，做到心中有底数、手中有招数，对高风险地区、高风险企业、高风险工艺、高风险设备设施，切实盯住管好，对证照不全的要立即责令停止作业和生产，对不具备安全生产条件的要依法予以关闭。

（5）充分发挥社会监督这一有力手段。河池市、南丹县人民政府及有关部门要注重发挥社会监督的作用，尽快建立完善涉及矿产资源管理和安全生产违法违规行为举报奖励制度，提高奖励标准，畅通举报奖励渠道，使暗藏的非法违法活动无藏身之地。对举报属实的，要依法从严查处，对重大典型案件要通过新闻媒体向社会公开曝光。同时，对举报人要依法依规进行奖励。

一案五问一改变

1. 我对该事故的最深感触是什么？

2. 如果该事故中暴露的问题就出现在我身边，我该怎么办？

3. 如果该事故就发生在我身上，我的亲人和朋友会如何？

4. 我从该事故中汲取了什么教训？

5. 学习事故案例后我最想对同事和亲人说什么？

为避免同类事故，在今后的工作中我将做出以下改变：

11 月

11
月

四川省甘孜州丹巴县铂镍矿"11·2"特别重大爆炸事故案例①

2001年11月2日，杨柳坪铂镍矿区协作坪矿段民工住宿区2号简易工棚内发生爆炸事故，造成12人死亡，1人失踪，1人重伤，6人轻伤，经济损失417万元。

一、事故经过

11月2日凌晨2时40分左右，丹巴大渡河矿业有限责任公司（股份制企业）格宗乡杨柳坪铂镍矿区协作坪矿段民工住宿区2号简易工棚内发生爆炸事故，炸点海拔3700 m，爆炸形成3.4 m×3 m×0.79 m的炸坑，与2号工棚相连的1~6号简易工棚和相邻的7号、10号、11号简易工棚被炸毁，相邻的8号、9号、12号简易工棚被炸塌。简易工棚共住28人。

二、事故原因

（一）直接原因

经专案组分析认为该矿工队爆破工石某某违反民用爆炸物品管理规定，在工棚内放置爆炸物品并吸烟所致（在无人证的情况下，根据掌握的材料分析、推断，2日凌晨2时—2时40分期间违章在房间内接雷管导火线并吸烟，引发房间内炸药爆炸）。

（二）间接原因

大渡河矿业有限责任公司杨柳坪铂镍矿协作坪矿段民用爆炸物品管理混乱，违规将临时用的炸药、雷管、导火索存放在爆破工石某某的工棚内，形成不安全隐患。

---

① 资料来源：晋中市应急管理局．四川省甘孜州丹巴县铂镍矿"11·2"特大爆炸事故．（2018－07－30）［2023－06－21］．https：//yjglj. sxjz. gov. cn/fmjg/content_239862.

三、责任追究

给予丹巴县县委常委、县政府常务副县长、丹巴县政府副县长、政法委副书记行政记过处分。给予丹巴县公安局局长、丹巴县矿业管理局副局长行政记大过处分。责成甘孜州人民政府给予丹巴县人民政府县长和州公安局、州矿产局全州通报批评。责成丹巴县政府向甘孜州政府写出深刻检查，丹巴县委向甘孜州委写出深刻检查。

中共四川省纪委根据《中国共产党纪律处分条例（试行）》决定给予中共丹巴县县委书记党内警告处分。

杨柳坪铂镍矿协作坪矿点爆破员刘某某、刘某某、周某某三人由公安部门给予治安拘留处罚。"11·2"爆炸事故的直接责任人石某某因违反《中华人民共和国刑法》第一百三十六条规定，涉嫌危险物品肇事罪，但鉴于其在此次事故已被炸死，根据《中华人民共和国刑事诉讼法》第八十六条规定，不予追究刑事责任。杨柳坪铂镍矿协作坪矿点负责人谭某某在此次事故中应负直接领导责任，但鉴于其在此次事故中已被炸死，根据《中华人民共和国刑事诉讼法》第八十六条规定，不予追究刑事责任。兴联打矿队法人代表刘某某因违反《中华人民共和国刑法》第一百三十五条规定，涉嫌重大劳动安全事故罪，根据《中华人民共和国刑事诉讼法》第六十一条规定，公安机关于 2001 年 11 月 12 日将刘成君依法拘留，并交司法部门追究刑事责任。杨柳坪铂镍矿协作坪矿点爆破员刘某某、刘某某、周某某三人因违反《中华人民共和国治安管理处罚条例》第二十条第二款规定，给予治安拘留处罚；对情节较轻的刘某、冯某某、李某某三人给予治安警告的处罚。

根据《四川省劳动安全条例》和《四川省矿山安全管理罚款办法》（省政府第 88 号令）有关规定，对丹巴大渡河矿业有限责任公司罚款 1.5 万元（由丹巴县依法执行）。

丹巴县大渡河矿业有限责任公司民爆物品管理混乱，对"11·2"特大爆炸事故负有直接管理责任。按照《四川省矿山安全管理罚款办法》（省政府第 88 号令）的规定，决定责成甘孜州安全生产委员会办公室对丹巴县大渡河矿业有限责任公司给予罚款 3 万元的行政处罚，对丹巴县大渡河矿业有限责任公司安全生产第一责任人王某某（法人代表）给予罚款 2000 元的行政处罚，并建议司法机关继续对其进行调查。

四、防范措施

（1）深刻认识、统一思想。按照江总书记"三个代表"重要思想的要求，从讲政治、促稳定、促发展的高度，以对党和人民极端负责的精神，把保护人民群众生命、财产安全摆在重要的议事日程，认真吸取血的教训，举一反三，防患于未然，下最大力气把安全生产工作做好，真正承担起"保一方平安"的责任。

（2）建立健全安全生产责任制和责任追究制。制定强有力的措施明确安全生产责任，实行安全生产"一票否决"制，将安全生产纳入目标考核。认真履行监督管理职能，对安全生产工作管理不力甚至失职的，一律依法从重、从严处理，绝不姑息手软。

（3）加强对各矿山企业安全生产的整顿。继续加强对矿山井下、洞内安全，包括采矿方法、防护、通风，对矿山使用的爆炸物品、有毒、有害化学物品的管理、发放、排放、使用，对矿山企业使用的电器设备的维护、保养，对矿山的交通安全，包括道路隐患、交通工具的维修、保养、操作，对地质灾害及各灾害隐患点的防御、预案等进行认真，深刻地检查整改。

（4）认清当前安全生产和民爆管理的严峻形势，加强对修路、水利建设、矿山开采等的爆破管理。继续加强民爆物品销售环节的管理，彻底改变涉爆单位内部管理制度混乱的状况。

（5）加强对安全生产基础设施的投入，保证必要的安全生产工作经费。保证一定的投入，加强安全生产基础设施建设，改善安全生产条件。充分发挥各级组织，特别是农村基层组织和党员的作用，真正把安全生产落实到基层、落到实处。

一案五问一改变

1. 我对该事故的最深感触是什么？

2. 如果该事故中暴露的问题就出现在我身边，我该怎么办？

3. 如果该事故就发生在我身上，我的亲人和朋友会如何？

4. 我从该事故中汲取了什么教训？

5. 学习事故案例后我最想对同事和亲人说什么？

为避免同类事故，在今后的工作中我将做出以下改变：

河北省邢台县尚汪庄石膏矿区 "11·6" 特别重大坍塌事故案例^①

2005 年 11 月 6 日 19 时 36 分，河北省邢台县尚汪庄石膏矿区的康立石膏矿、太行石膏矿、林旺石膏矿发生特别重大坍塌事故，造成 33 人死亡（其中井下 16 人，地面 17 人），井下 4 人失踪，40 人受伤（其中井下 28 人，地面 12 人），直接经济损失 774 万元。

一、事故经过

2005 年 11 月 6 日 19 时 36 分，河北省邢台县尚汪庄石膏矿区发生井下采空区大面积冒落，引起地表坍塌，形成一长轴约 300 m，短轴约 210 m，面积约 5.3 万 m² 的近似圆形的塌陷区，以及 24.5 万 m² 的移动区。康立、林旺和太行石音矿井下 48 名作业人员被困，地面 88 间房屋倒塌，29 名矿山职工和家属被困，矿山工业设施严重受损。事故发生后，邢台市公安消防支队指挥中心和邢台市公安局指挥中心分别于 11 月 6 日 19 时 47 分和 19 时 55 分接到群众报警，指挥中心立即向邢台市政府、邢台县政府和有关部门报告，两级主要领导带领有关部门负责人立即赶到事故现场，启动应急预案，紧急调动邢矿集团救护队、邢台市救护队等救援力量，展开抢险搜救工作，并按事故报告程序上报。11 月 7 日，河北省人民政府、原国家安全监管总局有关领导相继赶到事故现场组织、指导抢救工作，要求在保证安全的条件下加大抢险力度，并根据事故矿井筒危险等情况，及时修改抢险方案，从第二石膏矿开掘巷道，进入康立石膏矿搜寻遇难人员。截至 2005 年 11 月 17 日，救井下生还者 28 人（其中最后 1 名生还者在事故发

---

① 资料来源：中华人民共和国应急管理部. 河北邢台尚汪庄石膏矿区 "11·6" 特别重大坍塌事故基本情况及处理结果.（2006 – 12 – 21）[2023 – 06 – 25]. https：//www. mem. gov. cn/gk/sgcc/tbzdsgdcbg/2006/200612/t20061221_245274. shtml.

生 11 天后于 17 日 17 时升井），搜寻到遇难者 16 名，仍有 4 名矿失踪，救出地面生还者 12 人，寻找到遇难者 17 名。事故当班下井人员分布及伤亡情况：康立石膏矿入井 20 人，其中死亡 5 人，失踪 2 人，受伤 13 人；地面死亡 5 人，受伤 4 人。林旺石膏矿入井 16 人，其中死亡 11 人，受伤 5 人。太行石膏矿入井 12 人，其中失踪 2 人，受伤 10 人；地面死亡 12 人，受伤 8 人。

二、事故原因

（一）直接原因

尚汪庄石膏矿区开采已十多年，积累了大量未经处理的采空区，形成大面积顶板冒落的隐患；矿房超宽、超高开挖，导致矿柱尺寸普遍偏小；无序开采，在无隔离矿柱的康立石膏矿和林旺石膏矿交界部位，形成薄弱地带，受采动影响和蠕变作用的破坏，从而诱发了大面积采空区顶板冒落、地表塌陷事故。地面建筑物建在地下开采的影响范围（地表陷落带和移动带）内，是造成事故扩大的原因。

（二）间接原因

（1）采矿权设置不合理。在不足 0.6 km² 的范围内，设立康立、太行、林旺、邢燕和第二石膏矿 5 个矿，开采影响范围重叠，加上 5 个矿各自为政，缺乏统一协调，为矿山安全生产埋下了隐患。

（2）设计不规范，内容缺失。设计单位不具备非金属矿山设计的资质；开发利用或开采设计方案内容不全、深度不够，未明确竖井保安矿柱的范围，没有圈定地表保护范围，没有提出切实可行的采空区处理措施，没有考虑相邻矿山之间的采动影响，尤其是康立石膏矿和林旺石膏矿之间无隔离矿柱，也未提出留设保安矿柱或采取其他技术措施。

（3）违规开采。停产整顿期间，违反规定继续生产；未按有关安全规程要求对采空区进行处理；未开展有效的地压监测工作，未建立顶板管理制度，没有在地表建立岩移监测网。

（4）越界开采，乱采滥挖。康立矿一水平与太行矿二水平贯通，康立矿一水平越界开采林旺矿三水平西北角 2400 m² 的资源，并与林旺矿贯通，破坏了隔离矿柱的完整性；康立、林旺两矿交界处没有隔离矿柱，紧靠边界布置采面开采，矿房超宽、超高，矿柱大小不一、尺寸普遍偏小及上下水平矿柱不对应等，不能满足开采稳定性的要求，采空区纵横交错，相互贯通，形成两矿交界处顶板支护稳定性极差的薄弱地带。

（5）企业安全管理混乱，安全责任制不落实。企业转包或委托他人，以包代管；违章指挥、违章作业现象普遍存在；技术和生产组织管理混乱，没有采掘计划，图纸资料不全；井下采掘测量器材简陋，测量精度低，在生产中难以保证矿柱尺寸及上下对应关系；安全培训制度不落实，部分特种作业人员无证上岗。该矿区曾发生过大面积顶板冒落和地面坍塌事故，但各矿均未采取整改措施。

（6）有关部门未认真履行监管职责。邢台县安全监管局对非煤矿山安全生产专项整治工作落实不力，工作不实，监管不力；对尚旺庄石膏矿区存在的塌陷隐患问题、采空区治理以及地表建筑物安全监督管理工作重视不够；未按要求定期对石膏矿进行井下监督测量工作；2005 年 7 月在非煤矿山停产整顿期间，安排本局工作人员为林旺和太行石膏矿核定了正常生产的爆炸物品月用量。邢台县国土资源局执法不严，对越界行为未按规定进行处罚；工作不实，在检查时既不下井，也不查看采掘图，未能制止越界开采问题；没有按县委主要领导批示要求采取有力措施，提出彻底解决尚汪庄石膏矿区存在的局部塌陷问题。邢台县公安局违反规定，超核定量审批爆炸物品，为 3 个石膏矿违法生产提供了条件。

邢台市安全监管局未认真吸取 2004 年沙河"11·20"事故教训，对邢台县的非煤矿山安全生产专项整治工作检查督导不力。邢台市国土资源局未认真吸取 2004 年沙河"11·20"事故教训，对邢台县非煤矿山矿业秩序整治工作督促指导不力；矿产资源开发利用监管不到位，对康立、太行、林旺石膏矿越界开采问题失察。

（7）邢台县政府对非煤矿山安全生产专项整治工作领导不力，对县安全监管局、国土资源局履行监管职责的情况督促检查不到位，对尚汪庄石膏矿区长期存在的违规生产、越界开采、管理混乱等重大安全隐患未能排查整改的问题失察；尚汪庄石膏矿区曾两次发生过大面积顶板冒落和地面坍塌事故，没有引起足够重视，督促采取措施切实整治。

邢台市政府未认真吸取 2004 年沙河"11·20"事故教训，对国务院"11·20"事故调查组提出的整改措施没有认真落实，对非煤矿山安全生产专项整治工作领导不力，对有关职能部门履行职责的情况督促检查不到位。

三、责任追究

经事故调查认定，本次事故是一起责任事故，依规依纪依法对 30 名相关责任人员进行追责问责。其中，康立矿的法定代表人，康立矿直接经营者，康立矿矿长、生产副矿长、林旺矿法定代表人、矿长，太行矿法定代表人矿长、主管开采工作生产副矿长、主管出渣生产副矿长等 9 人涉嫌重大劳动安全事故罪，被依法逮捕。邢台县安全监管局监督管理一股负责人、安全生产协调股负责人、局长（邢台县非煤矿山安全生产治理整顿领导小组副组长）、县国土资源局矿管股股长、副局长等5人被移送审查起诉。邢台县会宁镇安全生产检查监督员（工人）、会宁镇副镇长、镇长党委副书记、党委书记、县国土资源局局长党总支书记、县公安局治安警察大队队长（副科级）、副县长、县长县委副书记、县委书记、邢台市安全监管局副局长、局长、邢台市国土资源局副局长、局长、邢台市人民政府副市长、市人大常委会副主任等16人被给予党纪政纪处分。

一案五问一改变

1. 我对该事故的最深感触是什么？

2. 如果该事故中暴露的问题就出现在我身边，我该怎么办？

3. 如果该事故就发生在我身上，我的亲人和朋友会如何？

4. 我从该事故中汲取了什么教训？

5. 学习事故案例后我最想对同事和亲人说什么？

为避免同类事故，在今后的工作中我将做出以下改变：

贵州省黔西南州兴仁县城关镇砂石场"11·12"特别重大坍塌事故案例①

2003 年 11 月 12 日 18 时 28 分，兴仁县城关镇落渭村兴合组老鹰窝一无证非法砂石场发生砂石坍塌事故，造成了 11 人死亡（10 人当场死亡，1 人送医院抢救无效死亡），5 人轻、重伤的特大事故。

一、事故经过

2003 年 11 月 12 日 18 时 28 分，兴仁县城关镇落渭村兴合组老鹰窝一无证非法砂石场发生砂石坍塌事故，19 时 10 分，县人民政府接到县公安局报告后，县长立即率县委、政府领导以及县委办、政府办、公安、消防、国土、经贸、安办、城关镇、四联乡等有关部门赶赴事故现场，组织实施抢救工作，并成立了"11·12"事故领导小组，下设救治组、善后组，分头开展工作。同时，州人民政府接到报告后，州政府副州长、副秘书长、州公安局局长、州安办主任、州国土局副局长等相关部门领导也及时赶到事故现场，指挥抢险工作。经过及时组织抢救，将 6 名受伤人员送县医院进行抢救（其中 1 名因抢救无效死亡，3 名重伤，2 名轻伤），并清理出 6 名死难者遗体，因组织现场施救时天色太黑，同时经确认遇难者已全部死亡，经州县领导现场召开会议研究决定，为避免事态继续扩大，决定暂时停止组织抢救，由公安部门负责组织警戒，杜绝和制止群众再次盲目进入现场抢救，待 13 日天亮时再继续进行施救，但死伤人员的调查核实工作仍由县人民政府组织有关部门继续进行。当晚 23 时 50 分，州政府副州长、副秘书长在兴仁县政府会议室组织召开了紧急会议并对现场抢救、事故调查、善后处理等工作提出了具体工作要求。

① 资料来源：晋中市应急管理局. 贵州省黔西南州兴仁县城关镇砂石场"11·12"特大坍塌事故.（2018 – 08 –08）［2023 – 06 – 25］. https://yjglj.sxjz.gov.cn/fmjg/content_241138.

到 2003 年 11 月 13 日天刚亮，施救工作又开始，至 13 日上午 9 时。遇难者尸体已全部清理出，与调查核实的人数一致，同时及时向省政府和相关部门报告事故情况。省政府接到事故报告后，立即由省安委会副主任率省有关部门赶赴兴仁组织召开了会议，成立以省安委会副主任为组长，黔西南州政府副州长、省公安厅副厅长、省国土厅副厅长、省监察厅主任、省乡镇企业局副局长、省总工会副主席为副组长，省、州、县相关部门为成员的省州联合事故调查组，对事故发生基本情况和事故原因进行全面调查取证的工作。14 日，黔西南州委书记、州长也赶到事故现场，对事故的善后处理、调查取证以及下步的整改工作提出了具体的工作要求。

经过事故联合调查组现场勘查和调查取证，基本查清了"11·12"事故的发生经过。11 月 12 日 17 时左右，场主张某清洗完炮眼，在装药过程中突然发生砂石坍塌，致使张某被砂石掩埋，正在附近作业的其他 3 人见此情况后，盲目进行施救。正在这时，砂石接连坍塌，3 人被砂石掩埋，附近群众及家属闻讯后，再次盲目冒险组织施救，又导致约 10 名群众被再次坍塌的砂石掩埋、砸伤。造成了 10 人当场死亡，1 人送医院抢救无效死亡，共死亡 11 人，5 人轻、重伤的特别重大事故。

二、事故原因

（一）直接原因

该砂石场属违法开采，场主在开采过程中，无任何开采规划、方案，也无相应的安全措施，在不具备安全生产条件和没有安全保障的前提下，采用挖"神仙土"的方式擅自私挖滥采，造成事故的发生，是事故发生的直接原因。

（二）间接原因

（1）场主和村民都缺乏安全知识，自我安全防护意识差，事故发生后，两次盲目进行施救，以致造成死伤人数增加，事故扩大，这是此次特大事故发生的间接原因之一。

（2）城关镇国土所在非煤矿山的治理整顿工作虽然采取了一些整治措施，做了大量工作，但在抓落实方面措施不力，对国家有关法律法规宣传教育力度不够，没有采取有效措施制止当地农民非法盗采国家资源和私挖滥采现象，这也是事故发生的间接原因。对此次特大事故的发生应负间接管理责任。

（3）兴仁县城关镇派出所虽然在民爆物品管理上采取了一些整治措施，做了大量工作，说明在民爆物品销售和使用的管理中还有不到位的地方，以致该采石场主非法开采仍能购买火工产品，这也是事故发生的间接原因。城关镇派出所对此次特大事故的发生应负间接管理责任。

（4）兴仁县城关镇人民政府在安全生产法律法规和基本知识方面宣传教育力度不够，对《中华人民共和国安全生产法》《中华人民共和国矿山安全法》等国家有关安全生产方面的法律法规贯彻落实不到位，虽然对该采石场采取了一些整治措施，但对存在的安全隐患没有明确责任人，没有具体的落实措施，对有关部门在开展非煤矿山的治理整顿工作中查出的隐患督促整改落实不够，也是此次事故发生的间接原因。城关镇人民政府对此次特大事故的发生应负主要领导责任。

（5）县国土局是国有矿产资源和非煤矿山安全管理工作的执法主体，虽然采取了一些整治措施，但在抓落实方面措施不力，没有有效地制止当地农民非法盗采国家资源和私挖滥采现象。对此次特大事故的发生应负间接管理责任。

（6）兴仁县人民政府在安排非煤矿山的治理整顿工作上重视不够，加之非煤矿山点多面广，发展快，在督促县有关部门开展非煤矿山的治理整顿工作上力度不够，这是事故发生的间接原因。县人民政府对此次特大事故的发生应负间接领导责任。

三、责任追究

经事故调查认定，本次事故依规依纪依法对 4 名相关责任人员进行追责问责。其中，兴仁县城关镇国土所所长、派出所所长、管副镇长、县国土局矿权股股长等 4 人被给予党纪政纪处分，兴仁县副县长向州人民政府写出书面检查，并给予全州通报批评。

四、防范措施

（1）各级人民政府要从这次事故中吸取教训，"举一反三"认真查找安全生产管理工作中存在的漏洞，制定相应的防范措施，杜绝类似事故的再次发生。

（2）要加强对乡镇非煤矿山的安全生产管理力度，建立、健全安全生产责任制及各项安全生产管理制度，把对乡镇非煤矿山的安全检查落到实处。

（3）要加强对非煤矿山企业（业主）安全教育和培训的工作力度，不断提高他们的安全意识，使他们在生产经营活动中做到"先安全后生产，不安全不生产"。

（4）要加强对非煤矿山的安全评估工作，对不具备安全生产条件的非煤矿山企业，加大司法打击力度，把安全隐患消灭在萌芽阶段。

（5）要认真抓好《中华人民共和国安全生产法》《中华人民共和国矿山安全法》及有关安全生产方面的法律法规的贯彻和落实。

（6）各部门应齐抓共管，各司其职，各负其责，密切配合，努力抓好非煤矿山安全生产管理工作，促进地方经济健康发展。

一案五问一改变

1. 我对该事故的最深感触是什么？

2. 如果该事故中暴露的问题就出现在我身边，我该怎么办？

3. 如果该事故就发生在我身上，我的亲人和朋友会如何？

4. 我从该事故中汲取了什么教训？

5. 学习事故案例后我最想对同事和亲人说什么？

为避免同类事故，在今后的工作中我将做出以下改变：

辽宁省海城西洋鼎洋矿业有限公司 "11·25"重大尾矿库垮坝事故案例^①

2007年11月25日5时50分左右，辽宁省鞍山市海城西洋鼎洋矿业有限公司铁矿选矿厂尾矿库5号库发生垮坝事故，造成18人死亡，37人受伤，直接经济损失1973.17万元。

一、事故经过

2007年11月25日4时30分左右，鼎洋公司尾矿坝车间巡坝工人褚某棉、张某彪在坝上巡检过程中发现5号库坝体东部距山边约100 m处，有一条向西延伸的裂缝，宽约1 cm，长约30 m，距坝外侧2~3 m，随即向当班段长杨某振报告。杨某振立即到现场，看到尾矿坝险情严重，便打电话给公司经理白某广，但电话没有打通，又给在家休班的车间主任陈某通电话，陈某告诉杨某振马上通知生产处长白某东和经理助理潘某胜。陈某从家里赶往现场（由于没有汽车，路途较远，搭上出租车行至途中事故已经发生）。杨某振调来铲车准备对坝体进行抢修加固时，坝体开裂加速，已经无法实施加固，杨某振带领人员从坝上撤出，5时40分左右，发生垮坝，形成底宽约22 m、顶宽约70 m的缺口，致使约5.4×10⁵ m³尾矿下泄，造成该库坝下及下游约2 km外的甘泉镇向阳寨村部分房屋被冲毁和人员伤亡。

二、事故原因

（一）直接原因

发生事故的5号尾矿库坝体超高。《可研报告》和《预评价报告》确定的坝高

① 资料来源：晋中市应急管理局. 辽宁省海城西洋鼎洋矿业有限公司"11·25"尾矿库垮坝重大事故.（2018-08-17）[2023-06-25]. https：//yjglj. sxjz. gov. cn/fmjg/content_241949.

190

为 9.5 m，正式提交的初步设计将坝高更改为 14 m，而实际坝高 22 m，导致库容增大（初步设计为 3.679×10^5 m^3，实际库容增大到 5.4×10^5 m^3），使坝体承受荷载发生了较大变化。坝坡过陡，降低了坝体稳定性。现状地形测量实际坝外坡坡比 1：1.7 ~ 1：1.9（坝内坡事故后已全部垮塌），坝外坡比小于原初步设计坡比 1：2.0。坝体土体密实度低，降低了筑坝土体的抗剪强度以及坝体稳定性。初步设计干密度 1.75 t/m^3，实际干密度为 1.47 ~ 1.53 t/m^3。坝基没有坐落在稳定的基岩上。坝基下有部分强度较低的粘性土没有清除，降低了坝体沿基础面的抗滑稳定性。上述原因导致 5 号库垮坝，造成事故发生。

（二）间接原因

（1）西洋集团及鼎洋公司严重违反基本建设程序，违法建设尾矿库。一是未办理开工审批手续，违法组织施工。西洋集团及鼎洋公司于 2006 年 4 月在组织鼎洋公司 2 号 ~5 号尾矿库建设工程中，只是口头委托中冶北方公司矿研所编制了《可研报告》《初步设计》和《安全专篇》没有签订委托合同，没有向设计单位提供 5 号尾矿库挡水坝的工程地质勘察报告，没有委托设计单位进行工程施工图设计，没有向建设行政主管部门申请办理施工许可证。在《安全专篇》未经审查合格批准前，明知本单位不具备尾矿库施工资质，却于 2007 年 3 月仅凭设计单位先期提供的初步设计草图，组织指挥本企业人员和根本没有尾矿库施工资质的海城甘泉建筑公司劳务人员进行尾矿库及 5 号库坝体施工；由于施工单位没有尾矿库施工资质，又未按规定委托监理单位对工程实施监理，致使坝体基础处理和土质的密实度均达不到设计和有关标准规程的要求，同时，坝高在竣工验收前已超出设计高度 6.5 m，使 5 号库坝体稳定性存在严重隐患。二是竣工验收时弄虚作假。为使工程达到竣工验收条件，在没有监理单位对工程实施监理的情况下，以付 1 万元监理费的条件，找到鞍山金石工程建设监理中心（以下简称鞍山金石监理中心），让其在工程竣工验收报告单监理单位栏内盖章；让根本没有尾矿库施工资质也不是尾矿库施工主体单位的海城甘泉建筑公司在工程验收报告单施工单位栏内盖章。三是竣工验收后又擅自加高坝体。11 月 2 日 5 号尾矿库工程竣工验收后，鼎洋公司尾矿库车间为使 5 号库内清水与 2 号库形成自流，在未履行设计变更手续的情况下，组织人员将坝高增加 1.5 m，致使坝体的稳定性进一步降低，最终导致垮坝事故发生。

（2）企业管理混乱，应急救援管理存在严重问题。鼎洋公司安全生产规章制度不健全，没有公司法定代表人的安全职责，没有巡坝员的安全职责和作业规程，对尾矿处理没有计划，日处理尾矿量没有记录，管理混乱。特别是公司的《尾矿库安全生产事故应急救援预案》存在严重漏洞，一是应急组织机构存在问题。公司应急救援指挥领导小组的组长、总指挥既不是董事长周某仁，也不是经理白某广，成员中也没有尾矿库车间主任陈某和负责巡坝的段长杨某振。二是应急措施存在严重问题。《预案》中没有规定在出现危及下游村民安全的险情时应采取的应急措施。正是由于企业应急救援管理的混乱，造成在重大垮坝险情发现1个多小时的时间里，现场人员不能在第一时间通知当地政府及下游村民或向110报警，贻误了疏散下游村民的时机。

（3）所谓的施工单位和监理单位弄虚作假，出具虚假证明。鞍山金石监理中心没有与建设单位签订监理合同，没有对2号、3号、4号、5号尾矿库工程实施现场监理，在获取1万元所谓监理费后，出具虚假证明，在鼎洋公司尾矿库工程竣工验收报告单上"符合设计要求，工程质量合格，达到工程竣工验收标准"的结论后盖章。海城甘泉建筑公司不具备尾矿库施工资质，未与建设单位签订合同，只是以劳务合作形式提供20余人的施工人员参与鼎洋公司组织的施工，却在工程验收报告单上盖章。其行为掩盖了施工过程中埋下的事故隐患，为不具备竣工验收条件的尾矿库工程通过竣工验收创造了条件。

（4）设计单位违规设计。中冶北方公司矿研所无设计资质，却以中冶北方公司的设计资质承揽设计，未与建设单位签订工程设计合同；在未签聘用合同的情况下组织外单位人员进行尾矿库工程设计，对建设单位未提供5号库工程地质勘察报告，没有坚持索取，对设计人在依据不足的情况下所进行的坝址选择和坝体稳定性分析，没有予以纠正，对设计人变更坝高后未进行认真的计算和论证，把关不严，同时，设计人在设计单位没有出正式施工图的情况下到现场，对建设单位按自己提供的草图施工未予制止。

（5）安全评价存在问题。负责鼎洋公司尾矿库预评价的辽宁省安全科学研究院，在评价5号库坝址合理性依据不足的情况下，向鼎洋公司提交了安全预评价报告，没有把好预评价关。负责鼎洋公司尾矿库竣工验收评价的沈阳奥思特安全技术服务有限公司，在验收资料不全的情况下，进行验收评价，没有发现坝体超高、密实度和坝坡比不够等与设计不符的问题。

（6）安全设施审查验收不负责任。受鞍山市安全生产监管局聘请，承担本工程的预评价报告、初步设计安全专篇和竣工验收三个环节审查的专家组。在审查中，不负责任，把关不严。在预评价审查中，评价5号库坝址合理性依据不足的问题没有引起重视，通过了报告。在初步设计审查中，根本没有看到5号库尾矿坝工程地质勘察报告，却在审查表中填写"符合要求"；审查中已经发现设计坝高与实际坝高不符，在设计单位没有进行坝体稳定性分析和论证的情况下，竟做出通过初步设计审查的结论。特别是在验收审查时，专家组对验收评价单位测量的坝高，计算的坝外坡比没有进行复核，却在审查表"尾矿库初期坝轮廓尺寸符合设计要求，……"的审查意见栏内签署了"符合"结论；并且已经提出"坝体稳定性分析后的稳定性系数 K 值不可信，应重新进行分析"，但在没有进行重新分析的情况下，通过了验收审查。

（7）安全监管不力，安全设施验收审查和许可证审查工作组织不严密。鞍山、海城两级安全生产监管部门对西洋集团及鼎洋公司没有通过设计审查就开始5号库尾矿坝建设的问题监管不力；鞍山市安全生产监管局在组织鼎洋公司尾矿库建设工程安全设施审查验收和许可证审查过程中，组织不严密，工作不细致。

三、责任追究

中冶北方公司矿研所副所长、主任工程师，鼎洋公司尾矿库项目总设计师被给予其行政降级、党内严重警告处分。中冶北方公司矿研所原所长被取消其安全评价人员资格，给予其行政记过处分。辽宁省安全科学研究院副院长（鼎洋公司尾矿库项目预评价报告审核人）、沈阳奥思特安全技术服务有限公司工作人员（鼎洋公司尾矿库工程验收评价组组长）、沈阳奥思特安全技术服务有限公司聘请的技术专家（已退休，鼎洋公司尾矿库工程验收评价组成员）、沈阳奥思特安全技术服务有限公司经理等被给予行政处分或罚款处理。海城市安全生产监管局矿山科科长、副局长、鞍山市安全生产监管局矿山处副处长、矿山处处长、副局长等5人给予党纪政纪处分。鼎洋公司被给予180万元罚款的经济处罚。鞍山金石监理中心被吊销其监理资质；海城甘泉建筑公司被吊销其施工资质。

四、防范措施

（1）对鼎洋公司尾矿库的处理建议。目前，鼎洋公司尾矿库工程质量仍存在严重问题，同时2号库距丁家沟村过近，仍然存在重大安全隐患。建议鞍山、海城两级政府对鼎洋公司尾矿库论证，并做出处理，对无法保证安全或严重污染环境的，要采取闭库措施。

（2）认真排查治理尾矿库潜在的隐患。深入开展尾矿库安全专项整治，对现有尾矿库现状进行梳理，按危险等级和影响程度分类排队，然后，督促企业委托权威机构对尾矿库的坝体进行稳定性分析，对排查出的隐患要委托有资质的单位进行加固设计、施工并申请竣工验收；对于存在重大隐患无法保证安全的要坚决予以关停。

（3）加强尾矿库建设项目的安全监管工作。严格安全生产许可工作，认真组织做好初步设计审查和竣工验收，把住安全生产准入关。对于没有正规施工图设计，或设计中没有明确设计总库容、最终堆积高度、初期坝和堆积坝、排洪系统等内容及基本参数，或不按照设计要求施工的建设项目，不得通过审查和验收，不得颁发安全生产许可证，尾矿库一律不得投入生产和使用。对于未依法取得安全生产许可证的尾矿库，一律不得生产运行，限期整改；经整改仍不具备安全生产条件的，提请地方政府依法关闭，安全监管部门要按《尾矿库安全监督管理规定》和《尾矿库安全技术规程》等有关规定，履行闭库手续。对已颁证的尾矿库企业要加强检查，凡出现放松安全生产管理，导致达不到安全生产条件的，要责令其立即停产整改，暂扣安全生产许可证，待整改合格验收后，方能恢复生产。

（4）严格建设项目监管。各级政府及有关部门要加强建设工程的监管，严格市场准入，加大监督检查力度，依法查处违反基本建设程序的行为，坚决取缔违法违规的在建项目。

一案五问一改变

1. 我对该事故的最深感触是什么？

2. 如果该事故中暴露的问题就出现在我身边，我该怎么办？

3. 如果该事故就发生在我身上，我的亲人和朋友会如何？

4. 我从该事故中汲取了什么教训？

5. 学习事故案例后我最想对同事和亲人说什么？

为避免同类事故，在今后的工作中我将做出以下改变：

12 月

九江市金鑫有色金属有限公司
"12·16"高处坠落事故案例①

2022年12月16日15时10分左右，九江市浔阳区滨江东路琴湖大道018号九江市金鑫有色金属有限公司污水站发生一起高处坠落事故，事故造成九江市金鑫有色金属有限公司1名作业人员死亡，直接经济损失人民币约150万元。

一、事故经过

2022年12月16日，九江市金鑫有色金属有限公司污水站顶棚需要安装PVC瓦，生产厂长范某兵安排丁某胜、宋某莹、黄某文、欧某慧4人在9m高的顶棚进行安装，15时10分，污水站顶棚PVC瓦即将安装完成，4人准备下来的时候，丁某胜听到地面传来一声巨响，然后在顶棚上没看到宋某莹，就赶紧从顶棚上爬下来，看到宋某莹躺在地上一动不动，头部流血，梅某明立即向范某兵进行了报告，范某兵马上让安全员梅某辉拨打了120和110报警电话；15时25分，医护人员赶到现场对宋某莹进行抢救；15时40分，经抢救无效宣布死亡，16时00分，公安部门赶到现场，对现场进行了勘察，排除了他杀的可能。

二、事故原因

（一）直接原因

宋某莹从顶棚爬下来时，提前把安全绳取下，脚不小心踩到PVC瓦上导致瓦片坍塌，从9m多高的地方高处坠落是导致本次事故发生的直接原因。

（二）间接原因

---

① 资料来源：浔阳区人民政府.九江市金鑫有色金属有限公司"12·16"高处坠落事故调查报告.（2023 - 03 - 20）［2023 - 06 - 25］. http：//www. xunyang. gov. cn/zwgk/zfxxgkzl/bmxxgk/yjglj/zdgk_151814/ggjg_151827/aqsc_151828/202303/t20230320_5974165. html.

（1）安全生产责任制落实不到位。虽然九江市金鑫有色金属有限公司制定了各类人员的安全生产责任制，但未层层落实，对员工的日常作业行为规范缺乏有效监管，操作前没有对工人进行安全培训，没有告知安装顶棚的安全风险点。

（2）无证上岗作业，九江市金鑫有色金属有限公司安装顶棚的工人均无高空作业证，高处作业所需的技能水平和安全操作意识不足。

（3）安全风险辨识不到位。九江市金鑫有色金属有限公司未按规定对岗位存在的危险因素进行风险辨识，致使施工人员作业时麻痹大意，导致事故发生。

（4）现场安全检查不力。九江市金鑫有色金属有限公司安全分管领导和安全员未对员工提前脱下安全绳的危险行为进行制止，对于安全工作未进行有效合理安排。

三、责任追究

根据《中华人民共和国安全生产法》等有关法律法规的规定，调查组依据事故调查核实的情况和事故原因分析，认定下列单位和人员应当承担相应的责任，并提出如下处理建议。

（一）对事故相关单位的处理建议

九江市金鑫有色金属有限公司，安全生产责任制未有效落实，安排无高空作业证的人员进行高处作业，操作前没有对工人进行安全培训，该公司行为违反《中华人民共和国安全生产法》的相关规定，对事故的发生负有责任。建议浔阳区应急管理局根据《中华人民共和国安全生产法》第一百一十四条的规定，对九江市金鑫有色金属有限公司给予相应的行政处罚。

（二）对事故责任人的处理建议

（1）宋某萤，九江市金鑫有色金属有限公司职工。无高空作业证上岗作业，从顶棚下来时违规提前解下安全绳，对事故的发生负有直接责任。鉴于其在事故中死亡，不予追究责任。

（2）梅某辉，九江市金鑫有色金属有限公司安全员。对作业人员安全教育培训不到位，作业前未检查作业人员登高作业资质，对事故发生负有管理责任。建议由九江市金鑫有色金属有限公司依照规则制度对其进行处理。

（3）范某兵，九江市金鑫有色金属有限公司生产厂长，组织安全教育培训不到位，隐患排查治理不力，对事故发生负有领导责任。建议由九江市金鑫有色金属有限公司依照规则制度对其进行处理。

（4）吴某飞，九江市金鑫有色金属有限公司安环部部长，未对高空作业证的人员作业资质进行审核，隐患排查治理不力，对事故发生负有领导责任。建议由九江市金鑫有色金属有限公司依照规则制度对其进行处理。

（5）吴某，九江市金鑫有色金属有限公司法人。在这起事故中督促、检查本单位的安全生产工作不力，组织制定并实施本单位安全生产教育和培训计划不到位，隐患排查治理不力，未按法律要求履行主要负责人职责，对事故发生负有主要领导责任。建议由浔阳区应急管理局依据《中华人民共和国安全生产法》第九十五条的规定，给予行政处罚。

四、防范措施

（一）进一步提高政治站位，切实增强做好安全防范工作的责任感

全区各地各部门要深刻吸取事故的教训，从维护社会稳定大局的高度出发，以对人民群众生命财产安全高度负责的精神，切实担负起"促一方发展、保一方平安"的责任，坚持"人民至上、生命至上"，增强风险意识，精准研判风险，做到防患于未然，坚决防范事故发生。

（二）九江市金鑫有色金属有限公司要严格履行企业主体责任

（1）全面落实安全生产主体责任，建立健全安全生产责任制，完善细化安全规章制度和操作规程。建立健全安全生产"纵向到底、纵向到边"的全员安全管理体系；加强安全教育培训、安全风险分析，切实提高企业安全管理水平和员工安全意识、安全技能。

（2）突出防控重点，扎实开展事故隐患排查整治行动。聘请专家同时组织各车间、班组开展生产经营建设全过程及每个环节、每个岗位的风险隐患排查，对排查发现的问题隐患，要落实闭环治理，一时不能完成整改的问题隐患，要针对性落实安全风险防范措施，做到责任、措施、资金、时限和预案"五到位"，不能保证安全生产的要坚决停产、停工、停用；对风险点要落实管控措施并明确管控责任人，确保消除企业安全管理盲区和安全风险管控盲岗，着力构建和完善安全风险分级管控和隐患排查治理双重预防工作机制。

（3）加强安全生产教育培训，夯实企业安全基础。培训内容要注重针对性，做到有的放矢。培训内容要符合企业安全管理工作的现实需要、能够强化安全管理中薄弱环节、有利于提高安全管理水平的提高，又能够为企业的长远发展打基础，具有一定的前瞻性。以丰富多彩的培训形式，激发职工的学习兴趣，调动职工参与培训的积极性。

（4）严格持证上岗制度。从事特种作业的人员必须取得相应的特种作业资格证书方可上岗作业。九江市金鑫有色金属有限公司须规范特种作业人员的管理工作，特种作业人员应当严格按照安全技术标准、规范和规程进行作业，正确佩戴和使

用安全防护用品,并按规定对作业工具和设备进行维护保养,加强安全责任意识。

(5)切实提高安全意识,加强安全管理。按照"三个必须"(管业务必须管安全、管行业必须管安全、管生产经营必须管安全)的要求,提升企业安全管理水平,健全安全管理机构,增加工作能力和责任心强的安全管理专业人员。

一案五问一改变

1. 我对该事故的最深感触是什么?

2. 如果该事故中暴露的问题就出现在我身边,我该怎么办?

3. 如果该事故就发生在我身上,我的亲人和朋友会如何?

4. 我从该事故中汲取了什么教训?

5. 学习事故案例后我最想对同事和亲人说什么?

为避免同类事故,在今后的工作中我将做出以下改变:

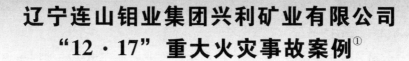

辽宁连山钼业集团兴利矿业有限公司
"12·17" 重大火灾事故案例①

2015 年 12 月 17 日 12 时 20 分左右，辽宁连山钼业集团兴利矿业有限公司井下发生重大火灾事故，造成 17 人死亡，17 人受伤（含 3 名救护队员），直接经济损失 2199.1 万元。

一、事故经过

辽宁连山钼业集团兴利矿业有限公司（以下简称兴利公司）位于葫芦岛市连山区钢屯镇钢西村。成立于 2010 年 9 月 29 日，法定代表人张某生，总经理张某杰（实际经营管理者），注册资本 100 万元，企业类型为有限责任公司（国有控股），其中，葫芦岛市连山区国有资产经营有限公司持股 51%；自然人曹某利持股 36.75%；自然人高某山持股 12.25%。经营范围为钼矿地下开采；钼矿石销售（依法须经批准的项目，经相关部门批准后方可开展经营活动）。

2015 年 12 月 17 日 8 时左右，兴利公司风井副矿长曹某和带领 6 名工人到风井井巷距井口 125.5~138.3 m 处从事钢棚支护焊接作业。9 时左右，维修工曹某凯在焊接右侧第 1 架棚腿拉筋时，焊渣掉到接帮用的木背板上，引燃木背板，随后曹某凯用浮土和碎石面覆盖灭火。11 时 30 分左右，曹某和带领 6 名工人准备乘车升井吃饭时，曹某和说闻到了异味，曹某凯解释说是他焊接时焊渣引燃背板起火冒烟，当时已经抓把土盖上了应该没事。曹某和听后带领 6 名工人离开作业现场升井吃午饭。12 时 20 分左右，曹某和带领 6 名工人乘矿车下井准备继续作业，下行 20 m 左右发现井下冒烟。采取灭火措施，未能奏效，木支护燃

---

① 资料来源：辽宁省应急管理厅. 辽宁连山钼业集团兴利矿业有限公司 "12·17" 重大火灾事故调查报告. (2016-04-01) [2023-06-25]. https://yjgl.ln.gov.cn/yjgl/xxgk/zwgkzdgz/aqsczdlyxxgk/sgdccl/A9B4F3C1CA644BDDB5FDFF04903749FE/index.shtml.

烧产生的有毒有害气体通过巷道和老空区形成的通道进入副井，致使副井井下17人中毒死亡，17人受伤（含3名救护队员）。

二、事故原因

（一）直接原因

兴利公司风井井巷钢棚支护施工过程中，作业人员在电焊作业时引燃木背板，致使用于接帮和接顶的木背板燃烧，产生的一氧化碳等有毒有害气体经风井与副井之间的旧巷和冒落的老空区形成的漏风通道进入副井，造成人员伤亡。

（二）间接原因

（1）兴利公司未落实企业安全生产主体责任，安全管理混乱。一是建设期间擅自采矿。兴利公司在未取得安全生产许可证、井巷修复工程未完工的情况下擅自采矿，以建代采、边建边采。二是无资质施工。兴利公司作为项目建设方，名义上与施工方和监理方签订了合同，但实际上并未履行合同，也未通知施工方和监理方进场，在自身没有资质的情况下自行组织施工，且未制定施工方案和安全措施。三是未按设计施工。兴利公司在未得到设计单位书面同意的情况下，在井建施工过程中擅自将设计中巷道支护方式由混凝土支护改为钢支护；新掘进巷道均未按《初步设计》要求施工；在未完成地表帷幕注浆、居民搬迁、地面充填站建设及充填系统工程的情况下，擅自在 +30 m 标高以下施工。四是安全管理混乱。兴利公司未按规定为从业人员配发必备的劳动防护用品；入井人员未携带自救器；未严格执行出入井登记管理制度，发生事故后难以核清井下实际人数；生产安全事故应急预案未按规定备案，未定期组织应急演练；日常安全检查流于形式，安全隐患排查不到位；部分提升设备未经检测合格便投入使用；作业人员未按规定乘坐矿用人行车上下井；井下动火作业没有执行"动火作业票"制度；施工作业过程中违章作业、违章指挥现象大量存在。五是无证上岗。兴利公司的部分企业负责人、安全管理人员未经安全生产培训，没有通过安全监管部门考核合格，部分特种作业人员未取得特种作业操作证上岗作业。六是安全培训教育不到位。兴利公司安全培训工作流于形式，大部分工人未经培训上岗，培训学时未达到规定要求；工人安全意识淡薄，对作业现场的安全隐患和危险源认识不到位，对违章作业可能带来的严重后果认识不足。七是未及时报告事故、盲目组织施救。兴利公司在事故发生3个多小时后才向当地安全监管部门报告，耽误救援有利时机；在事故发生后没有在第一时间撤出井下所有作业人员，盲目组织施救，致使此次火灾事故造成重大人员伤亡。八是未按照《中华人民共和国劳动法》规定用工。兴利公司在没有与从业人员签订劳动合同，未依法参加工伤保险或安责险、未为从业人员缴纳保险费的情况下，擅自组织从业人员入矿作业。

（2）钼业集团对兴利公司管理流于形式，安全监督检查、指导不力。一是未能及时发现兴利公司矿井基建期自行组织施工、未按《初步设计》要求组织施工、擅自采矿、未按照《中华人民共和国劳动法》规定用工、未落实企业安全生产主体责任、安全管理混乱等问题。二是对兴利公司开展安全隐患排查工作督促、检查、指导不力，致使兴利公司存在重大安全隐患。三是对兴利公司疏于管理。虽与兴利公司签订了《经营管理协议》，未按《经营管理协议》规定对兴利公司高管人员进行安全教育培训，对兴利公司负责人未通过安全监管部门考核合格失察，贯彻执行国家有关法律法规、规程和标准情况监督指导不到位，致使兴利公司管理混乱。

（3）杨矿公司爆破施工组织混乱。一是违反《爆破工程施工合同》规定，为兴利公司基建工程未按设计施工、边建设边采矿实施爆破作业；二是对公司爆破人员安全培训教育不到位；三是兴利公司副井井下爆破人员对当班剩余爆炸物品未清退，违规储存在井下临时保管箱内。

（4）连山区安全生产监管局组织开展非煤矿山安全生产监督检查工作措施不力，对兴利公司的检查工作流于形式，部分应该检查的内容没有检查到位，检查中未能发现兴利公司安全生产方面存在的诸多问题，对检查发现的问题督促整改落实不到位，对兴利公司存在的事故隐患和安全管理混乱问题失察。

（5）葫芦岛市安全生产监管局组织开展非煤矿山安全生产监督检查工作不到位，未将兴利公司列入本部门年度安全生产监管执法工作计划，工作存在漏洞。特别是2014年11月以来，接到群众关于兴利公司采矿危及村民安全问题的举报反映后，也未组织开展对兴利公司进行安全生产监督检查。对连山区安全生产监管局组织开展对兴利公司安全生产监督检查工作督促指导不到位。

（6）连山区人民政府对连山区安全生产监管局组织开展非煤矿山安全生产监督检查工作督促指导不力，对连山区安监局组织开展对兴利公司安全检查不到位的问题失察。

三、责任追究

经调查认定，辽宁连山钼业集团兴利矿业有限公司"12·17"重大火灾事故是一起生产安全责任事故。兴利公司副井副矿长，负责组织该矿副井建设工作。未认真履行安全生产管理职责，发生火灾后，未及时组织井下作业人员撤离，指挥非专业人员到井下救援，造成次生事故，对事故负有主要责任，鉴于其在事故中死亡，不再追究其责任。赵某复、黄某山、杨某鹏违反《中华人民共和国治安管理处罚法》第三十条的规定，违反国家规定使用危险物质。鉴于其在事故中死亡，不再追究其责任。张某生、张某杰、曹某利、高某山、冯某、孙某、孟某成、曹某和、曹某凯、刘某红、郭某江、刘某彬等对事故负有主要责任，建议移送司法机关依法处理。林某森、刘某民、刘某立、池某肖、郑某红、孙某东、付某生等违反《中华人民共和国治安管理处罚法》第三十条的规定，违反国家规定使用危险物质，建议给予行政拘留处罚。梁某、刘某岩、李某利、黄某明、杜某岩、李某权、刘某杰、邱某、王某、刘某龙、梁某、滕某、马某志、姜某华、杨某、张某民、耿某森等对事故发生负有主要领导责任，建议给予相应纪律处分。陈某，杨矿公司总经理，为公司安全生产第一责任人，对公司爆破人员安全培训教育不到位；爆炸物品管理不严；违反《爆破工程施工合同》规定，为兴利公司在建设期内非法采矿实施爆破作业，对事故造成重大人员伤亡负重要责任，依据《民用爆炸物品安全管理条例》，建议吊销其《爆破作业人员许可证》，并处以 5 万元罚款。

兴利公司未取得安全生产许可证，以建代采，边采边建，擅自采矿，依据《安全生产许可证条例》（国务院令第 397 号）第十九条的规定，没收违法所得，并处 50 万元罚款；兴利公司违法生产发生重大事故，对事故负有责任，依据《中华人民共和国安全生产法》的规定，建议对该单位处以 500 万元罚款，合计罚款 550 万元。兴利公司矿山建设项目未按照批准的安全设施设计施工，依据《中华人民共和国安全生产法》的规定，责令其停止建设。

杨矿公司违反《爆破工程施工合同》规定，为兴利公司建设期内边建边采行为实施爆破作业，对公司爆破员、安全员安全培训教育不到位，致使爆破员、安全员擅自将爆炸物品交与无爆破作业人员许可证的人员使用，对爆炸物品管理不严，爆破当班剩余爆炸物品未清退，违规储存在井下临时保管箱内。建议公安机关吊销其爆破作业单位许可证。

鉴于"12·17"造成重大经济损失和严重不良影响，建议连山区政府向葫芦岛市政府作出书面检查。

鉴于"12·17"造成重大经济损失和严重不良影响，建议葫芦岛市政府向省政府作出书面检查。

四、防范措施

（1）切实落实企业安全生产主体责任。钼业集团、兴利公司要切实落实安全生产主体责任，严格执行"五落实五到位"规定，建立健全安全管理机构，完善并严格执行以安全生产责任制为重点的各项规章制度，把安全生产责任层层落实到位；落实非煤矿矿山企业领导带班下井制度，强化现场管理，严禁违章指挥、违章作业；扎实开展安全隐患排查治理，落实"四个清单"管理制度，及时消除重大隐患，严防事故发生。

（2）切实加强整合矿山的安全监管。国有资产经营公司、钼业集团要加强对兴利公司等整合后周边小矿山的安全管理工作，督促建立完善安全管理机构和技术管理体系；督促建设、监理、施工、设计单位落实相关责任，严禁违法组织生产。葫芦岛市、连山区政府及相关部门要加大对基建矿山的安全监管力度，杜绝边建设边生产、未经验收擅自生产的行为。

（3）强化事故报告和应急管理。钼业集团、兴利公司要严格执行事故报告制度，一旦发现重大险情或事故，要按照有关规定及时报告，严禁违章指挥、盲目施救，防止事故扩大。要制定和完善事故应急预案，有针对性地组织应急知识培训，定期组织演练，切实提高从业人员的安全防范意识和应急处置能力。必须为作业人员配备符合国家或行业标准的劳动防护用品。地下矿山企业必须为井下每个班组配备有毒有害气体检测报警仪，入井人员必须随身携带自救器，未按规定配备的立即停产整改。

（4）扎实做好非煤矿山防火和通风安全管理。钼业集团、兴利公司要切实突出安全生产重点，加强防火和通风安全管理工作。严格执行"动火作业票"制度，制定安全技术防范措施，履行审批手续后方可实施。要坚决淘汰国家明令禁止使用的非阻燃动力线、照明线、输送带、风筒等设备设施，主要井巷禁止使用木支护。完善井下通风设施，加强矿井空气质量监测，严禁无风、微风、循环风冒险作业。

（5）加强教育培训，提高安全意识。钼业集团、兴利公司要加强对从业人员的教育培训力度，增强培训的实效性，不断强化从业人员的安全意识和自我保护能力；严格执行安全生产法律、法规及安全操作规程，杜绝违章操作、违章指挥、违反劳动纪律等行为；建立健全安全生产奖惩机制，加强安全生产宣传教育，形成良好的安全生产氛围。

（6）强化对民用爆炸物品的管控力度。公安机关要加强对备案的爆破作业项目的管理，切实履行对爆破作业单位主要负责人、爆破技术负责人及爆破作业人员的安全教育和业务培训，严格执行《民用爆炸物品安全管理条例》相关规定，强化对民用爆炸物品购买、运输和爆破作业的安全监督管理，监控民用爆炸物品流向，对本级审批的爆破作业项目进行现场监管，加强对民用爆炸物品从业单位安全生产工作的检查，发现问题及时整改，消除事故隐患。

（7）强化监管责任落实。安全生产监督管理部门及其他负有安全生产监管职责的有关部门，要坚持管行业必须管安全、管业务必须管安全的原则，认真履行职责，严格把关；要加强对执法人员的培训，提升执法能力，提高安全监管执法的规范化和专业化水平；认真履行执法计划，加强对矿山等高危行业的监管力度。特别是对发生事故的企业，要增加检查频次，对非法违法、违章指挥、违章作业行为严管重罚，对不具备安全生产条件的企业，坚决停产整顿；对停产整顿期间生产的或整顿后仍然达不到安全生产条件的矿山，提请当地人民政府予以关闭。

（8）切实履行好政府安全生产工作职责。葫芦岛市、连山区人民政府要认真吸取"12·17"事故教训，坚决贯彻落实习近平总书记、李克强总理等中央领导同志和李希书记、陈求发省长等省委、省政府领导同志关于安全生产工作的一系列重要指示精神，坚持"党政同责、一岗双责、失职追责"，落实"五级五覆盖"，牢固树立以人为本的安全发展理念，决不能以牺牲人的生命为代价来换取经济发展。要加强领导、强化措施、突出重点，督促企业落实安全生产主体责任，从根本上改善非煤矿山安全生产条件，提高安全保障能力。

（9）扎实组织开展安全生产大检查。葫芦岛市、连山区和所有非煤矿山企业要按照"全覆盖、零容忍、严执法、重实效"的总要求，全面深入地开展安全生产大检查，通过明查暗访、专家会诊、互检互查等方式和途径，及时彻底地排查和消除非煤矿山企业各类事故隐患，采取有效措施，解决存在的问题。要进一步完善和落实地方政府统一领导、相关部门共同参与的联合执法机制，形成工作合力，始终保持"打非治违"的高压态势，严厉打击非煤矿山各类非法违法生产经营建设行为，坚决打击以探矿、基建、整改名义组织生产的违法行为，有效防范和坚决遏制重特大事故发生。

📝 一案五问一改变

1. 我对该事故的最深感触是什么？

2. 如果该事故中暴露的问题就出现在我身边，我该怎么办？

3. 如果该事故就发生在我身上，我的亲人和朋友会如何？

4. 我从该事故中汲取了什么教训？

5. 学习事故案例后我最想对同事和亲人说什么？

为避免同类事故，在今后的工作中我将做出以下改变：

浙江省富阳市塘头石灰厂矿山 "12·28" 坍塌事故案例[①]

2001 年 12 月 28 日上午 10 时 20 分左右，富阳市塘头石灰厂所属矿山发生坍塌事故，致使 10 人死亡。

一、事故经过

2001 年 12 月 27 日下午，爆破员鲍某明在采场东部打一深 2.5 m 的炮孔，并扩炮 4~5 次。12 月 28 日 7 时 30 分左右鲍某明与监炮员鲍某根上班，首先在 27 日扩好的炮孔进行爆破，用炸药约 4 kg，并放了 2 个搭炮（糊炮破大块）。而后鲍某根去烧石灰，鲍某明与其他四名职工在采场东南部进行破大块，装车（一辆拖拉机）运石灰石作业，另有场口镇大园村两辆拖拉机在采场拉宕渣用于大园村铺路（厂方不收费），9 名塘头村民（其中 3 人为厂里职工）为其装宕渣（每车装车费 8 元，由拖拉机手付给）。10 时 20 分左右，采场西南部原停止开采的边坡发生坍塌，约 1200 m³ 石头崩落，其中四分之三左右的石头坍落在南面上部原停止开采的场地，另有四分之一左右的石头（约 300 m²）坍落在正在作业的采场，当时在现场有作业人员 15 人，其中 5 人逃出（2 人受轻伤），其余 10 人和 2 辆拖拉机（其中一辆为运石灰石）全部被埋压，造成 10 死 2 轻伤的特大伤亡事故。

二、事故原因

（一）直接原因

（1）距塘头石灰厂现采矿场西南部非工作帮约 10 m 的原采矿场，因历史开

① 资料来源：晋中市应急管理局. 浙江省富阳市塘头石灰厂矿山 "12·28" 坍塌事故. (2018 − 08 − 08) ﹝2023 − 06 − 25﹞. https://yjglj.sxjz.gov.cn/fmjg/content_241138.

采原因，上部前倾，形成阴山坎，造成重大事故隐患。事故发生前，塘头石灰厂的矿山在距阴山坎较近的地方采用扩壶爆破，振动诱发岩体失稳，造成大面积坍塌，是造成事故发生的主要原因。

（2）塘头石灰厂矿山作业现场管理混乱，事故发生前，现场没有管理人员，随意让厂外人员进入采矿场装运宕渣。这些无组织、无安全常识的村民，对坍塌的征兆难以察觉，不能及时撤离，是造成众多人员伤亡的主要原因。

（3）发生坍塌的山体地质构造较复杂，节理较发育，且近期雨水较多，寒冷冰冻，使岩体节理面内聚力减小；加之塘头石灰厂和范家坞石灰厂的矿山长期采用扩壶爆破方式开采，影响岩体稳定性，也是发生坍塌事故的原因。

（二）间接原因

（1）该厂安全管理不善，安全生产规章制度不健全，不落实，管理人员安全素质差，对重大事故隐患不能及时发现和落实整改措施。

（2）由于1995年该矿从上部改为下部开采时，作业面距阴山坎较远，随着开采的推进。作业面距阴山坎趋近，但没有引起足够重视，常安镇政府和市有关部门对石灰厂所属矿山虽然多次进行了安全检查，由于对事故隐患存在的严重性认识不足，没有提请石灰厂采取整改或监控措施。

（3）塘头村和沈家畈村对石灰厂发包只收费，而没有进行安全管理，没有制止矿山开采现场管理混乱等问题。

三、责任追究

（1）塘头石灰厂法人代表鲍某玉没有履行安全管理的职责，违反矿山安全规程，在非工作帮隐患存在的情况下，进行开采；作业现场管理混乱，没有采取措施，使矿外人员随意进入危险的作业场所，对事故负主要责任。建议依法追究刑事责任。

（2）范家坞石灰厂法人代表李某林，在存有阴山坎隐患的坍塌处西南边缘，采用扩壶爆破方式开采，影响岩体的稳定性，对事故负有一定责任，依法予以处理。

四、防范措施

（1）富阳市政府将这起事故通报全市，立即组织矿山安全检查，对存有事故隐患的矿山停产整顿，直至关闭。

（2）进一步开展矿山安全生产整治工作，尤其加强厂办矿山等管理较薄弱矿山的安全整顿，对整治工作情况进行"回头看"，查找差距，进行补课。尤其要重视矿山的非工作帮关闭矿山宕面的管理，要组织力量进行治理，消除隐患。

（3）加强矿山安全源头管理，关闭规模过小、安全生产条件简陋和相邻距离过近的小矿山，减少矿山数量，扩大开采规模，改善安全生产条件。

（4）加强矿山安全管理，建立健全安全规章制度，落实安全生产责任制。搞好矿山从业人员安全教育培训，提高安全意识、安全法制观念、安全生产知识和技能。

（5）镇政府和市各有关部门要进一步加强矿山安全监督管理工作，完善安全检查制度，努力提高安全技术水平和工作责任心，及时发现和消除事故隐患，保障矿山安全生产。

（6）塘头石灰厂矿山不具备安全生产条件，建议予以关闭。

一案五问一改变

1. 我对该事故的最深感触是什么？

2. 如果该事故中暴露的问题就出现在我身边，我该怎么办？

3. 如果该事故就发生在我身上，我的亲人和朋友会如何？

4. 我从该事故中汲取了什么教训？

5. 学习事故案例后我最想对同事和亲人说什么？

为避免同类事故，在今后的工作中我将做出以下改变：